東海教育研究所

Introduction to Computer Science for Undergraduate
by Yasuhiko MIKI
Tokai Education Research Institute, 2022
ISBN978-4-924523-31-9

まえがき

　20世紀の中頃，ペンシルベニア大学ムーア校のエッカート（J.P. Eckert）
とモークリ（J.W. Mauchly）らによって発明されたコンピュータは，その後
の固体物理学やマイクロエレクトロニクスの発展によって驚異的な進歩を遂
げ，宇宙開発や遺伝子工学，新薬開発などの先端分野をはじめ，JRや航空券
の予約・発券業務，炊飯器や洗濯機などの家電製品に至るまで，現在では私た
ちのあらゆる生活環境に深く関わりを持っている．とくに先進国では，銀行・
証券などの日常業務はもちろんのこと，新しい金融商品の開発やデリバティブ
取引など，コンピュータに関わらない事例を考えることが困難である．また，
1950年代の米ソ冷戦時代に，ソ連の核攻撃による米国の通信網の致命的破壊
を回避しなければならない，という至上命題の下，分散処理システムが研究さ
れ，今日のインターネットはその過程で着想された．そのインターネットは，
1990年代の後半において，おりしも世界的傾向にあったコンピュータシステ
ムのダウンサイジングとパーソナルコンピュータシステムの高性能化とがあい
まって，瞬く間に地球規模の通信ネットワークに成長した．これは机上のパソ
コンのスイッチを入れると，瞬時に他国の文化が侵入してくるという管理者の
いない地球規模の通信システムで，一国の政治体制を脅かす要素をも含んでい
ると考えられている．

　私達が生活している地球社会は，以上ように超高度に発展した情報社会とな
っている．それがますます進展・進行しているのが現実である．そのような社
会に生きる学生・生徒諸君に対して，大学ばかりでなく，中等教育の現場にお
いてもいわゆる情報教育とかコンピュータ教育が浸透してきている．ところ
が，その教育を担当する先生たちが大学で学んだコンピュータ教育は，現在か
ら見ると貧弱なものであった．つまり，学問体系もできていない状況で，たと
えば「情報処理学」という科目では，FORTRANやCOBOLによるプログラ
ムの作成，そしてパソコンが導入されるようになるとBASICによるプログラ
ミングと実習という具合であった．「電子計算機」という講義科目では，2進

数や論理回路を教えるのが一般的で，大学によってはプログラミングの授業をするところもまれではなかった．その後，通産省が管轄する情報処理技術者試験が国家試験として始められ，情報処理教育は年月を経て体系化されるにいたった．

　本書は，その情報処理技術者試験のカリキュラムを参考にして，その過去に出題された問題を参考・引用させて戴き，また多数の受験参考書・指導書等を参考にさせていただいて，大学低学年の「コンピュータ入門」，「情報処理入門」のテキストとして作成されている．従来のテキストでは，各章の最後に演習問題をつけて教育効果を上げていた．ところが，筆者の経験から，最近の学生諸君には講義資料と黒板による従来の説明型授業は効果的ではなく，「対話型の講義」を実践することによって，より高い教育効果を期待できることがわかってきた．これは 1 コマ 90 分の座学には不向きな学生が増えてきたことにもよるのと考えている．そのようなことから本書では，各章の章末ではなく本文の途中に例題や問題を配して理解を確認しながら授業を進めるという構成にした．いうまでもなく授業もこの方法がやりやすい．

　本書は前述したように大学低学年の教科書として作成されているが，短期大学や専門学校などの情報処理関係のテキストとしても使用して戴ける内容になっている．また，中等教育の現場で情報教育にたずさわる先生方のためにも参考にして戴ける内容になっている．

　ところで，デニス・ガポール（Dnnis Gabor）は，著書 [The Mature Society：成熟社会（林　雄二郎　訳)] の中で「成熟社会において最も価値ある人々とは，最も生産的な人々ではなく，おそらく最も創造的な人々でもなく，自分自身が幸福であり，善意と幸福を自分の周りに広げることのできる人々ではなかろうか」と述べている．情報化の進展には倫理上の問題や仮想社会での新手の犯罪などの諸問題も発生してきているが，情報社会の更なる進展によりデニス・ガポールのいう成熟社会もユートピアから現実のものになるかもしれない．私達は情報化の進展が地球上の皆に幸せを与えるように，それぞれの立場で協力したいものである．いかに高度に情報化が進展した社会でも，人間が主役であり，私たちが人間的魅力を向上させなければ，素晴らしい社会の実現はない．そのような 21 世紀社会に生きる若い諸君に無限の期待をするものである．

　最後に，本書の出版にあたってご尽力いただいた東海大学出版会の古菅昇出
版部長および同編集課の小野朋昭氏をはじめ，関係各位にこの場をかりて厚く
御礼申しあげる．

　2000 年 3 月

三木　容彦

目次

第1章

コンピュータ概論

1.1 コンピュータの歴史

　世界初のコンピュータ（電子計算機）は，1946年7月，米国ペンシルベニア大学ムーア校のエッカート（J.P. Eckert）とモークリ（J.W. Mauchly）によって開発されたENIAC (Electronic Numerical Integrator And Computer) である．これは第二次世界大戦時の弾道計算を目的にアメリカ陸軍が1943年4月に開発を極秘に依頼し，3年3ヶ月後の1946年7月に完成して陸軍の試射場に納入されたと伝えられている．そのENIAC（図1.1）はおよそ次のようなものであった．

図1.1　世界最初のコンピュータ"ENIAC"

　論理演算素子としての真空管：18800 本，リレー：1500 個，消費電力：150 kW，重量：30 t，大きさ：高さ 2.4 m，長さ 30.5 m，ハンダ付け：100 万箇所，プログラム方式：ワイヤー結線方式，処理の最小基準時間を規定するクロックパルスは 100 kHz，演算速度は，10 進数 10 桁の 2 数について，加算：200 マイクロ秒，乗算：2.8 ミリ秒，除算：6 ミリ秒であった．その後，1945 年にフォン・ノイマン（John von Neumann）は，プログラムごとに配線を変更しなくてよい**プログラム内蔵方式**を提案した．この方式は画期的なもので，今日も一般に広く採用されている．この方式のコンピュータをノイマン型コンピュータという．1949 年英国ケンブリッジ大学のウィルクス（M.V. Wilkes）らによる EDSAC (Electronic Delay Storage Automatic Calculator) や 1950 年エカットとモークリにより開発された EDVAC (Electronic Discrete Variable Computer) は，プログラム内蔵方式で強力な機械語のソフトウエアを装備していた．

　わが国では，通産省工業技術院で 1953 年に ETL-Mark-I （リレー式），1955 年に ETL-Mark-II （リレー式）を完成させている．以上が**第 1 世代**のコンピュータである．その後，トランジスタやダイオードという半導体素子が出現し，**第 2 世代**になる．1958 年米国ダラスのテキサスインスツルメンツ社で開発された集積回路（IC: Integrated Circuit）は，マイクロエレクトロニクスの進歩により実用化され，コンピュータは**第 3 世代**に入った．第 3 世代の代表的コンピュータは，1964 年に発売された IBM システム 360 である．これは事務処理，科学技術計算，軍事を問わず全方位（360°）の処理をカバーする

表1.1　コンピュータの世代別比較

世代	第 1 世代	第 2 世代	第 3 世代	第 3.5 世代	第 4 世代
年代	1940 年代 〜 1957 年	1957 年 〜 1964 年	1964 年 〜 1970 年	1970 年 〜 1980 年	1980 年 〜
論理素子	真空管 リレー	トランジスタ ダイオード	IC	LSI	VLSI
代表機種	ENIAC EDSAC EDVAC	IBM 7090	IBM システム/360	IBM システム/370	IBM 4331

という開発思想によるものであった．IC はさらに大きな集積度の LSI (Large Scale Integration) になり，コンピュータは**第 3.5 世代**になった．1980 年代に入り，IC に代表されるマイクロエレクトロニクスは驚異的な進歩を遂げて，IC は VLSI (Very Large Scale Integration)，ULSI (Ultra Large Scale Integration) になり今日に至っている．この世代を**第 4 世代**という．では，今日は第 5 世代であるかというと，必ずしもそのような世代で表現できない状況になっている．ちなみに "**第 5 世代**" ということを聞くことがあるが，それは人工知能型コンピュータを意味するのであって，今日のコンピュータシステムの世代表現ではない．表 1.1 はコンピュータの各世代の特徴を示している．

　現在では一千万素子を集積したマイクロプロセッサが出現して，超高性能のパーソナルコンピュータに衆目が集まっている．そのパーソナルコンピュータは，1971 年，米国のインテル (Intel) 社が開発した 4004 という 4 ビット（2 進数 4 桁を処理の基準とする）マイクロプロセッサに始まる．この開発の裏には，わが国のし烈な電卓競争があり，ホフ氏と嶋正利氏はマイクロプロセッサの開発に深く関わり歴史上の人物になっている．

　インテル社は 1972 年に，より性能を向上させた 8 ビットの 8008，1973 年に 8080 を開発した．このころよりこれらを搭載したワンボードマイコンが技術者達の関心を集めて商品化へ向けて加熱していった．1976 年になると，インテル社からスピンアウトした技術者達がザイログ社を設立して，5 V 単一電源で動作する Z 80-CPU を開発した．その年インテル社も同様な 8085 を開発したが，Z 80-CPU は爆発的に広がり，この CPU を採用した商用パソコンが世界的に普及した．わが国でも NEC は，この Z 80-CPU を採用した PC-8001 というパソコンを発売して，わが国のパソコン分野でガリバー的存在となった．

　NEC は続いて PC-8800 シリーズを成功させた．1978 年になるとインテル社は 16 ビットの 8086 を発表し，1982 年 NEC はこれを採用した PC-9800 シリーズを世に送り，その地位を不動のものにした．今日では 32 ビット，64 ビットと発展し，クロック（コンピュータを働かせる基準刻時信号）も数百 MHz となり，驚異的な性能になっている．パソコンの構成方法も，IBM/AT という方式が一般的となって，誰でもがプラモデルのように簡単に楽しく，パソコンを組み立てられるようになってきた．そのようなことで，NEC も大手

パソコンメーカーの1つであるが，ガリバー的存在ではなくなった．なお，**マイクロプロセッサ**（microprocessor）は**MPU**（Micro Processing Unit）ともいい，コンピュータの頭脳であるパソコンの**中央処理装置**（CPU：Central Processing Unit）と同義語であるが，近時はその性能が驚異的に向上してきて，より一般的なCPUという表現が広く用いられている．

1.2　コンピュータの基本構成

コンピュータは，メインフレームと呼ばれる汎用大型コンピュータもパーソナルコンピュータも基本的には図1.2のような5つの装置で構成されている．

入力装置：キーボード，光学的マーク読取装置（OMR：Optical　Mark Reader），各種図形入力装置，音声入力装置ほか

出力装置：ディスプレイ，プリンタ，音声出力装置ほか

主記憶装置：処理の対象となるデータやそのデータを処理するためのプログラム（ソフトウエア）を読み書き自由な**RAM**（Random　Access Memory）に格納する．特定の作業をするシステムでは，あらかじめ製造段階でプログラムやデータが読み出し専用メモリである**ROM**（Read Only Memory）に格納される場合がある．なお，主記憶装置の記憶容量にはハードウエア上の制限があることから，一般に補助記憶装置が併用される．その補助記憶装置の代表はハードディスク装置である．そのほかに磁気テープ装置やフロッピーディスク装置，光-磁気ディスク装置などもある．

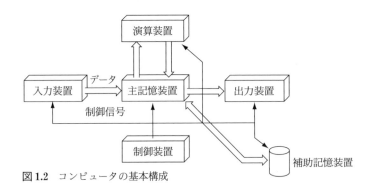

図1.2　コンピュータの基本構成

演算装置：正確には算術論理演算装置（ALU：Arithmetic and Logic Unit）と呼ばれ，加算器やレジスタなどの算術論理演算に必要なもので構成されている．

制御装置：制御装置（Control Unit）には，命令の解読器（decoder）なども含まれ，命令の解読実行制御をつかさどるが，一般に算術論理演算装置と同居してコンピュータシステム全体を制御する頭脳となっている．これを**中央処理装置**とか，単に CPU と呼んでいる．

周辺装置：入力装置（Input Unit）と出力装置（Output Unit）を総称してI/O 装置（Input/Output Unit）といい，また入出力装置と補助記憶装置を総称して周辺装置（peripheral unit）という．

図1.3 は集積回路のレベルでみた最小コンピュータの構成である．CPU，ROM，RAM，入出力デバイス，データバス，アドレスバス，コントロールバスで描かれている．

I/O（入出力）デバイスにはディスプレイ装置やキーボード，さらにハードディスク装置なども接続される．ROM には必要に応じて一定のプログラムがあらじめ格納されている．RAM にはキーボードなどから入力したプログラムやデータが置かれる．

アドレスバスは複数の線路で構成されており，0 と 1 の組合せで番地を指定する．指定された番地の命令やデータがコントロールバスの読み出し信号でデータバス上に出される．命令やデータはデータバスを介して CPU に送られて処理される．表示されるデータは出力制御信号によってディスプレイに送られ，印刷すべきデータはプリンタに出力される．

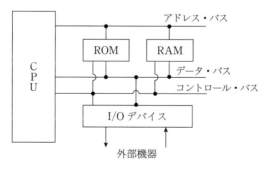

図1.3 最小のコンピュータシステム

　通産省の実施している情報処理技術者試験の仮想コンピュータ COMET の
アドレスバスの線路の数は 16 本である．したがって，0 と 1 の組合せの数は，
0000000000000000〜1111111111111111 となるので，合計 65536 個のアドレス
を直接確保することができる．データバスも 16 本で 16 ビット単位でデータが
扱えることから，これを 16 ビットのコンピュータという．

問題 1.1　下図はコンピュータの基本構成を示している．(a)〜(e)に適当な装置
名を記入せよ．

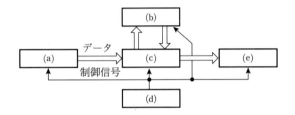

●パソコンの構成●

　図 1.4 は側面パネルを取りはずしたタワー型パソコンである．CPU はマザ
ーボードというプリント基板に冷却器を背負って取り付けられている．主記憶
装置もマザーボードに取り付けられている．マザーボードから IDE フラット
ケーブルでハードディスクや CD-ROM が接続されている．フロッピーディス
ク装置もマザーボードから IDE フラットケーブルで接続されている．スキャ
ナーなどは SCSI（スカジィ）カードを PCI ソケットに取り付けて接続する．

　図 1.5 はパソコン内部のブロック図である．データバスとして超高速の内部
バス（プロセッサバス），高速の PCI バス，低速の ISA バスの 3 つが示され
ている．主記憶装置と CPU は一般にチップセットと呼ばれているデバイスを
介して接続されている．したがって，このチップセットというデバイスの性能
が全体の性能に大きく影響することになる．このチップセットは正確には
PCI／メモリチップセットといい，CPU と主記憶装置，キャッシュメモリ，
PCI バスのデータの伝送を制御する．PCI（Peripheral Component Intercon-
nect）ソケットには，ハードディスクやグラフィックディスプレイカードが接
続される．また，キーボード，シリアル・パラレルインターフェイス，フロッ

ピーディスク装置が接続される ISA (Industrial Standard Architecture) バスと PCI を仲介するブリッジ回路 (PCI／ISA ブリッジチップ) または第2のチップセットが接続される.

図1.4 パソコンの内部

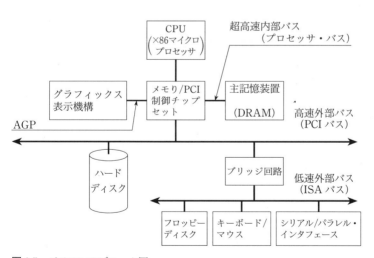

図1.5 パソコンのブロック図

1.3　ハードウエアとソフトウエア

　ハードウエア（hardware）と言えば，一般に金物を意味し，形態が固くて容易に変更できない物を意味する．たとえば自転車をテレビに変更したり，建物に変更することはできない．コンピュータの世界では，機械としてのコンピュータ装置やそれを構成するディスプレイ，記憶装置，キーボード，電子部品などを意味する．

　それに対して，**ソフトウエア**（software）は，形態が柔らかいものである．たとえば，オーブンレンジはハードウエアであるが，その使い方は形態が柔らかく，使い方次第でいろいろな料理やケーキなどを作ることができる．つまり，利用技術一般をソフトウエアという．コンピュータの世界でも利用技術の代表であるプログラムはソフトウエアである．“一太郎”や“ワード”をワープロソフト，“エクセル”を表計算ソフトということが容易に理解できる．

●パソコンハードウエア●

　パソコンハードウエアとして，常識的に知っておきたいことは，まず記憶容量であり，記憶容量を表す単位としての**バイト**（byte）ある．2進数8ビットを1バイトという．つまり，2進数は0と1の2つの数字で表現するもので，その1桁を1**ビット**（bit）という．したがって，2進数1111000011001100は，16ビットであるから2バイトの数である．そして，$2^{10}=1024$，$2^{20}=1024\times1024$，$2^{30}=1024\times1024\times1024$であることから，$2^{10}$バイト＝1キロバイト（KB），$2^{20}$バイト＝1メガバイト（MB），$2^{30}$バイト＝1ギガバイト（GB）と表す．同様に$2^{40}$バイト＝1テラバイト（TB）という．この計算から，たとえば2^{23}バイト＝8メガバイトである．

　(1)　主記憶装置

　集積回路で構成されていて，現在のパソコンの主記憶容量は，64 MBから128 MBが主流で，おおむね512 MBまでは増設可能になっている．

　(2)　ハードディスク装置

　ハードディスク装置の記憶容量は，数GBから10 GBを超えるものが多い．接続形態（インタフェース）としては，IDE（Integrated Device Electronics）とSCSI（Small Computer System Interface）があって，IDE（アイディイ）

より SCSI（スカジィ）が信頼性が高く，機器を外付けする場合は SCSI を使用する．

(3) CD-ROM 装置

CD-ROM は第 7 章で述べているようにオーディオ用 CD と原理的に同一で，オーディオ・データたけでなく文字や画像などのコンピュータ・データを記録することができる．その記録容量は約 640 MB である．データの読み出しは回転ディスクにレーザ光をあててその反射光を電気信号として検出して使用している．

(4) プリンタ

レーザ光で感光ドラム上に書いて，その部分にトナーを付着させて，それを印刷用紙に転写するレーザプリンタと，微細なノズルからインクを印刷用紙に噴射して描く方式で，カラー印刷も比較的簡単にできるインクジェットプリンタの 2 つの方式が普及している．

(5) フロッピーディスク

記憶容量が 1.44 MB のものが一般的となっている．

(6) ディスプレイ

従来ブラウン管ディスプレイが主流であったが，徐々に TFT（Thin Film Transistor）による液晶ディスプレイが普及してきた．

(7) VRAM（Video RAM）

VRAM はディスプレイに文字や画像を表示するための記憶領域で，その記憶容量が大きいほど表示できる色の数は多くなる．文字や画像は点（ドット）の集りで表示され，1 ドットあたり 16 色でよいのなら 4 ビット，8 ビットなら 256 色，16 ビットなら 65536 色となる．そして，24 ビットでは約 1677 万色となるが，これをフルカラーと呼んでいる．

【計算例 1.1】 縦のドット数が 600，横のドット数が 800 の解像度の画面にフルカラー表示をさせたい．必要な VRAM の容量を計算せよ．

$$800 \times 600 \times 24 \div 8 \div 1024 \div 1024 \fallingdotseq 1.4 \quad MB$$

(8) CPU

インテル社の製造する CPU であるペンティアム（Pentium），AMD（米国 Advanced Micro Device）社の CPU，米国 Cyrix 社の CPU がよく知られている．

問題 1.2　次の仕様のパソコンにおいて，画面に表示する情報量を多くするために解像度を 1024×768 ドットにしたところ，色が 16 色しか表示できなくなってしまった．この解像度のまま少なくとも 256 色を表示できるようにする対策として，最も適切なものはどれか（初級シスアド既出）．

CPU	32 ビットアーキテクチャ，クロックは 66 MHz
主メモリ	8 M バイト
ハードディスク	540 M バイト
VRAM	512 k バイト
ディスプレイ	15 インチ

　　ア　17 インチ以上のディスプレイにする．

　　イ　VRAM を 1 M バイト以上にする．

　　ウ　クロックを 100 MHz 以上にする．

　　エ　主メモリを 16 M バイト以上にする．

　　オ　ハードディスクの容量を 1 G バイト以上にする．

●パソコンの種類●

　現在パソコンは IBM/AT 互換機と呼ばれるものと Macintosh に大別される．IBM/AT 互換機は世界中で製造され，電子部品も入手しやすく，自作可能なパソコンで，市場の 90 ％以上を占有していると見られている．一方の Macintosh は米国 Apple 社のブランドで，印刷業界や芸術・芸能関係などに圧倒的占有率を誇っていたが，今日では IBM/AT 互換機のためのソフトウエアがあらゆる分野に対応できるようになってきている．

　32 ビットパソコン：従来，CPU からのデータバスの幅（データ線の本数）が 8 ビットでレジスタの幅も 8 ビットのものを 8 ビット CPU といい，その CPU（Z80-CPU）を使用したパソコンに PC-8001（NEC）などがあり，同様に 16 ビット CPU（8086）を使用したものに PC-9801（NEC）などがあった．その後，米国インテル社は 32 ビット CPU（80386，80486）を発売した．この 32 ビット CPU は，データバス，アドレスバス，レジスタの幅が 32 ビットで，主記憶装置の記憶容量も最大で 4 GB（ギガバイト）まで利用できるようにな

った．ここで「32ビットパソコン」という表現が一般的となった．つまり，データバスが n ビットでレジスタのビット数も n で，一度に処理できる処理の単位が n ビットであるパソコンを「n ビットパソコン」という．

　ところが，CPUはさらに進展してPentiumというCPUが発売された．このCPUのデータバスは64ビット，レジスタは種類によって32ビット〜64ビットなどとなっている．このようなことから「32ビットパソコン」という言葉に明確な定義ができなくなっているが，データバス，アドレスバス，レジスタのすべてが32ビット以上のものを，現在は「32ビットパソコン」と呼んでいる．やがて，64ビットパソコンとか128ビットパソコンなどということになるであろう．

●パソコンソフトウエア●

　パソコンのソフトウエアは，基本ソフトウエアである**オペレーティングシステム**（OS: Operating System）と"一太郎"や"ワード"，"エクセル"に代表される**応用ソフト**に大別される．

　OSはコンピュータシステムの制御を任務とするソフトウエアであって，応用ソフトのための舞台装置とも言える．具体的にはWindows 98, Win-

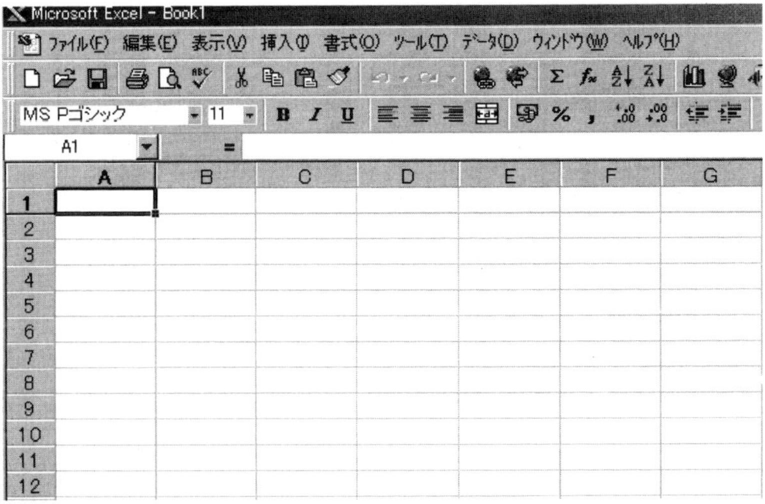

図1.6　表計算ソフトのワークシート

dows 2000, UNIX, Linux や MacOS などが知られている．

　ジャストシステム社（本社：徳島市）が発売している "一太郎" やマイクロソフト社の "ワード（Microsoft Word）" は代表的なパソコン用ワープロソフトである．図1.6は，表計算ソフトのワークシートの一例を示している．表計算ソフトは，セルと呼ばれる長方形の入力枠に区切られたワークシートが表示され，ユーザはこれらのセルに数値を入力して，縦方向や横方向の数値の合計や平均値を自動的に計算させることが可能となっている．また，これらの数値情報によるさまざまなグラフを作ることも容易になっている．

●プログラム言語●

　汎用大型コンピュータやオフィスコンピュータが全盛の時代は，科学技術計算用のプログラム言語として FORTRAN，事務処理用プログラム言語として，COBOL（COmmon Business Oriented Language），パソコン用プログラム言語として BASIC（Beginners All-purpose Symbolic Instruction Code）などが一般的であった．現在ではコンピュータシステムのダウンサイジングが進展して，プログラム言語もたとえば，C言語，Visual Basic，JAVA など，ワークステーションやパソコン中心のものが目立ってきた．

1.4　情報処理システム

　情報処理の形態は，大きく分類すれば**集中処理方式**と**分散処理方式**（図1.7）に分類できるが，通信回線を介して処理するかどうかで分類すれば**オフライン方式**と**オンライン方式**に大別される．そのほか処理をその都度即時に実行するか，それとも後でまとめて処理するかどうかで，**リアルタイム処理**と**バッチ処理**に分類される．

●集中処理方式●

　全国に支店や出先を置いている企業などでは，本社に大型汎用コンピュータシステムを設置して，各支店には簡単な端末のみを配することが多かった．このような場合，すべてのデータを本社のコンピュータセンターに集めて，ここで各種の業務を集中的に処理する．このような方式を集中処理方式という．い

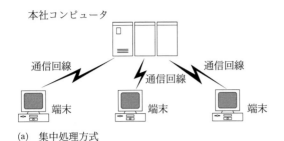

(a) 集中処理方式

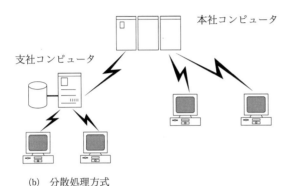

(b) 分散処理方式

図1.7 集中処理方式と分散処理方式

うまでもなく，ネットワークを利用しなくても1台のコンピュータシステムで社内の各業務をまとめて処理するのも集中処理方式である．集中処理方式は何でも集中的に処理しようとするのであるからコンピュータシステムを管理している基本ソフトウエアの負担は大きくなる．これを OS のオーバヘッドが大きくなるという．またシステムダウン（故障その他の原因によりシステムが止まること）の際に受ける影響は甚大となる恐れがある．

●**分散処理方式**●

今日の企業では経営や業務が多角化して，処理の一元化が困難な場合も少なくない．そのような場合，各支店や出先あるいは各部署の端末にある程度の処理能力を持たせて，全社的な処理を必要とする処理のみを本社のコンピュータセンターで行うという方式が一般的になってきた．これを分散処理方式という．ただ，データベースだけは一元化して集中管理を必要とする．

　分散処理方式の特徴は，コンピュータシステムにかかる負荷や機能を分散して信頼性の向上と処理の高速化が期待できる点にある．また，小規模システムの構築によりコストダウンが可能になる．ところで，分散は機能分散と負荷分散に分類され，それらは水平分散と垂直分散に分類される．

　機能分散：複数のコンピュータに異なる処理（機能別）をさせる．この事によりコンピュータの処理能力が著しく向上する．

　負荷分散：複数のコンピュータに同じ処理をさせるが，その処理の中で処理要求によって特定のコンピュータを指定して仕事を分担する．

　水平分散：複数のコンピュータが機能的に水平に並んでいて，ユーザが処理目的に応じて選択して利用する．

　垂直分散：複数のコンピュータが垂直の関係にあって，上位のコンピュータが下位のコンピュータを管理している．サーバに特定業務のソフトウエアやデータベースを格納しておいて，下位のコンピュータがそれを必要に応じて利用するなど，上位のコンピュータは下位のコンピュータを支援するという表現もできる．

　以上のことから水平機能分散処理，垂直機能分散処理，水平負荷分散処理，垂直負荷分散処理が考えられる．

　クライアントサーバシステム：クライアントサーバシステム（client server system）は，必要な管理ソフトウエアやアプリケーションソフトウエアを上位のサーバに置いて，下位のクライアントがサーバの支援を受けて機能するシステムである．これは代表的な垂直機能分散システムである（図1.8）．

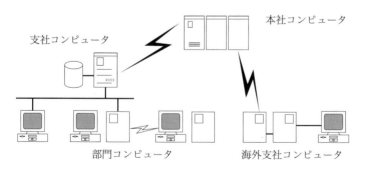

図1.8　クライアント／サーバシステム

問題 1.3 垂直分散システムに関する記述として，適切なものはどれか．

　ア　アプリケーションごとに，ネットワーク内のどのプロセッサで実行するかをあらかじめ決めておくことによって，負荷を分散させる．

　イ　同じアプリケーションを実行するいくつかのプロセッサ間で，負荷を分散することによって，システムの効率を向上させる．

　ウ　クライアントとサーバの関係のように，プロセッサ間で階層または従属関係が存在する．

　エ　単独でも機能する複数のコンピュータシステムを，ほぼ対等な関係でネットワークに接続し，データを含めてリソースを共有する．

●バッチ処理●

　バッチ処理（batch processing）は，1日分の売上のデータを閉店後にまとめて処理するとか，1週間または1ヶ月間の請求書を一括して作成する場合のように，データを所定の期日や時間にまとめて一括処理する方式である．これにはいくつかの方式があり，コンピュータセンターで全社の処理を一括処理する方式を**センターバッチ**といい，各支店や事業所ごとに一括処理する方式を**ローカルバッチ**という．また，通信回線を介して遠隔地のデータをセンターに送り，処理する方式を**リモートバッチ**（remote batch）という．

●リアルタイム処理●

　リアルタイム（real time）処理は実時間処理ともいい，新幹線や航空機の座席の予約や発券業務のように端末から実時間で処理する方式のことである．これらの処理は通信回線で結ばれて処理するシステムであるから，**オンラインリアルタイム**（on-line real-time）**処理**という．スーパマーケットやコンビニエンスストアでは，レジ担当者がバーコード読取装置で各売上商品のバーコードを読み取っている．これは**販売時点処理システム**（POS: Point Of Sales）と呼ばれるもので，これらの端末は本社のコンピュータに接続されていて，各店の営業状態，在庫管理，仕入れ管理など行い，最適経営を実現している．

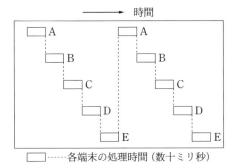

——— 各端末の処理時間（数十ミリ秒）

図1.9　タイムシェアリングシステムの処理時間の関係

●タイムシェアリングシステム●

　タイムシェアリングシステム（TSS：Time Sharing System）は，多数の端末にそれぞれ数十ミリ秒の処理時間を与えて，この時間を持ち回りで繰り返して処理を行う方式である（図1.9）．この方式は見かけ上多数の端末が同時に処理しているが，各端末がセンターコンピュータの利用時間を分割してもらう方式であることから**時分割処理**ともいう．

1.5　インターネット

　インターネット（Internet）は，図1.10に示したようにネットワークをネットワーク化して，それが地球規模に拡大したネットワークであると理解することができる．

　このインターネットの研究は，1950年代に米国国防総省の軍事研究にその端緒がある．それまでの軍事ネットワークは集中処理方式を採用していたので，その通信システムの一箇所でも核攻撃を受けるとシステムが機能しなくなるという致命的な弱点があった．そこで国防総省のポール・バランという研究者が分散処理システムの研究をしていたが，あるとき魚網のような通信ネットワークを構築すれば，ネットワークの一部が破壊されても迂回路を形成してシステムの機能は失われないと考えついた．これこそがインターネットの始まりで，1969年に米国国防総省高等研究計画局（ARPA）が，UCLA，カリフォルニア大学サンタバーバラ校，ユタ大学，スタンフォード大学を結び実験を開

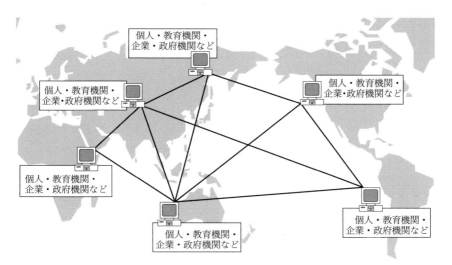

個人・教育機関・
企業・政府機関など

個人・教育機関・
企業・政府機関など

個人・教育機関・
企業・政府機関など

個人・教育機関・
企業・政府機関など

個人・教育機関・
企業・政府機関など

個人・教育機関・
企業・政府機関など

図1.10　インターネットは地球規模

始したことに始まる．やがてそれは全米を結ぶ実験的軍事ネットワーク
ARPANET として広がり，発展した．

インターネットでは現在，TCP/IP という通信規約（プロトコル）を用い
て世界中のコンピュータが接続され，32 ビット（約 43 億個）の IP アドレス
で区別されている．なお，現在（1999 年）IP アドレスの不足から 64 ビットの
IP アドレスが検討されている．

●インターネットでできること●

インターネットは通信ネットワークであるから，放送，電話，通信カラオ
ケ，電子商取引など，通信に関わることは何でも可能となるが，"インターネ
ットでなにができるか"という場合は，基本的事項としては次の WWW，電
子メール，FTP および telnet がある．

(1) **WWW**

WWW（World-Wide Web）は，世界中の WWW サーバ（コンピュータ）
をクモの巣（Web）のように結んで，そのサーバに置かれている情報を次々
とリンクしてテキスト（文字）だけでなく，静止画像，動画像，音声などの情
報を得ることができるシステムである．それを閲覧するソフトウエアを

表1.2　プロトコル名とその意味

プロトコル名	意　味
HTTP	WWW サーバ上のファイルにアクセス
FTP	FTP サーバ上のファイルにアクセス
NEWS	NEWS グループにアクセス
Telnet	コンピュータへのリモート・ログイン
FILE	自分のパソコン内のファイルにアクセス

WWW ブラウザといい，マイクロソフト社の "Microsoft Internet Explorer" とネットスケープ社の "Netscape Navigator" が有名である．WWW ブラウザで Web を見るには，見たい Web のアドレスをブラウザから指定する．そのアドレスは URL (Uniform Resource Locator) と呼ばれ，一般に

　　　　　プロトコル名：//ホスト名（サーバ名）．ドメイン名

の形式をしている．その表現例を次に示す．

　　　　　http://www.abc.co.jp/eigyo/index.html

ドメイン名に続くディレクトリやファイル名がある場合はスラッシュ（/）で区切って指定する．この例では，eigyo がディレクトリ，index.html がファイル名である．jp は日本を意味し，co は企業を意味する．ちなみに ac は学術機関，ne はインターネット接続業者，or は商工会などの非営利団体，go は政府機関などと定められている．プロトコル名には，閲覧ソフトから HTTP，FTP，NEWS，Telnet，FILE などを指定すると，指定した情報にアクセスできる（表1.2参照）．

(2)　**電子メール**

　電子メールは，E-Mail とも呼ばれ，インターネットの通信回線を通じて一瞬のうちに世界中にメールを配送できる．それはテキストだけでなく，画像や音声も添付ファイルとして送ることができる．電子メールの特長は，大量のデータを瞬時に相手の在・不在を問わず，低廉な経費で送受信できることにある．その電子メールアドレスは次のような形式をしている．

　　　　　miki@mb.abc.co.jp

miki はユーザ名，mb はサブドメイン，abc.co.jp はメールサーバ（コンピュータ）のドメイン名と呼ばれるもので，サーバのアドレスを意味する．サブド

メインはサーバ側の管理者で任意に設定できる．したがって，省略されている
場合もある．

　なお，無用なメールをジャンクメールとかスパムメールといい，これらの配
信が社会的問題になってきている．また，ウイルス（システムを誤動作・破壊
させるプログラム）が電子メールで配信されるこも多く，さらに重大な社会問
題になっている．

(3) FTP

　FTP（File Transfer Protocol）は，本来ファイルを転送するためのプロト
コル（通信規約）を意味するが，一般にFTPと言えば，ファイル転送の意味
で使用されている．インターネットは情報の宝庫で，各大学や研究機関では，
フリーウエアと呼ばれる無償のソフトウエアを公開している．これらをとくに
アノニマスFTP（anonymous FTP）と呼び，端末側（これをクライアン
ト：clientという）から匿名で接続して，これらのファイルをダウンロードす
ることができる．ホームページを作成して，そのホームページをWebサーバ
に転送するときにもFTPを使用する．

(4) Telnet

　Telnet（テルネット）は，通信回線を介して離れた場所にあるコンピュー
タに入り（これをリモート・ログインという），そのコンピュータを自分のコ
ンピュータのように使用できるサービスをいう．したがって，クライアント側
でTelnetのソフトウエアを備えていても接続先のコンピュータに登録許可さ
れていないと，このサービスは受けられない．

問題1.4　インターネット上の各種情報リソースにアクセスする手段とリソー
　　　　スの存在場所を表現するものはどれか（1種既出）．
　　　　ア　FTP　　　　イ　HTTP　　　ウ　URL　　　エ　WWW
問題1.5　インターネットにおいて，ハイパーテキストで記述された情報を検
　　　　索することができるシステムはどれか（1種既出）．
　　　　ア　HTTP　　　イ　IP　　　　ウ　URL　　　エ　WWW
問題1.6　インターネットに関する記述として，正しいものはどれか（国家試
　　　　験既出）．
　　　　ア　インターネットでアクセスされるサーバの1つにWWWサー

バがあり，WWW サーバ内には HTTP で記述された文書が格
納されている．
イ　インターネットでは，個々のコンピュータを区別するために，
32 ビットの IP アドレスを用いている．
ウ　インターネットプロバイダとは，ホームページの提供者である．
エ　インターネットを制御するために，各国ごとに定められた大型
コンピュータが，その国内におけるコンピュータのアドレスを
管理している．

課題 1.1　インターネット接続事業者（ISP：Internet Service Provider）の役
割を調べよ．

課題 1.2　セキュリティを確保するためのファイヤーウォールについて調べよ．

課題 1.3　セキュリティを確保するためのプロキシサーバについて調べよ．

【例題 1.1】　インターネットにおけるプロキシサーバの役割として，正しい
ものはどれか（1種既出）．
ア　TCP/IP ネットワークにおいて，クライアントの IP アドレスを動的に
割り当てる．
イ　あるネットワークで使用するプロトコルをカプセル化し，他のネットワ
ークで使用できるように変換する．
ウ　ドメイン名およびホスト名を，対応する IP アドレスに変換する．
エ　内部ネットワークから外部ネットワークへのアクセスを代行することに
よって，外部ネットワークからはこのサーバしか見えないようにする．
説明　正解：エ
プロキシサーバは，社内のプライベートネットワークを外部のグローバルネ
ットワークから隠す役目を持つ．アは DHCP サーバ（p.136）の説明．イは
ゲートウェイ（p.134）の説明．ウは DNS（Domain Name System）サー
バの説明．

第2章

コンピュータ・サイエンスの基礎

2.1 情報量

コンピュータ・サイエンス（Computer Science）は，コンピュータに関する数学理論を基礎としてコンピュータシステムを総合的に扱う学問である．具体的には集合論，代数学，解析学などの基礎数学，組合せ理論やグラフ理論の離散数学，確率論，統計学，数理計画法，数値解析学，論理代数，スイッチング理論，情報理論，信号処理学などの数理科学が基礎になっていて非常に多岐にわたる．そのうち，**情報理論**（information theory）は，データ伝送に関する工学理論で，帯域圧縮や雑音や伝送理論の基礎を扱う．その情報理論はシャノン（C.E. Shannon）によって 1948 年に発表された "A Mathematical Theory of Communication" という論文がその基礎となっている．

ところで情報処理を学んでいると，**データ**（data）と**情報**（information）を混同して表現する場合が多いが，本来，データは情報処理に適した形式の事実であって，そのデータに意味を持たせたものが情報ということができる．したがって，コンピュータは，入力情報を処理データとして，コンピュータの理解できる 2 進系に符号化して処理し，その処理結果を復号化し，意味のあるデータである出力情報にして提供する機械である，ということができる．

●**情報量の計算**●

一般に情報量 I は，ある事象の生起確率を P とすると，次の式で定義される．

$$I = -\log P$$

ここで対数の底を2としたとき，単位はビット（bit）になる．2進数1桁が1ビットということをここで確かめてみる．ある事象の生起確率が0.5のとき（2進数の1桁もこれにあてはまる），次のような計算になる．

$$I = -\log_2 0.5 = -\log_2 \frac{1}{2} = -(\log_2 1 - \log_2 2) = -(0-1) = 1$$

（ビット）

では，ある事象の生起確率が1/8であるという場合を考える．つまり，ある事象が8個ある場合，この事象を表すには何ビットの情報量が必要であるかを計算すると次のようになる．

$$I = -\log_2 \frac{1}{8} = -(\log_2 1 - \log_2 8) = -(\log_2 1 - \log_2 2^3)$$

$$= -(\log_2 1 - 3\cdot\log_2 2) = -(0 - 3\cdot 1) = 3 \quad（ビット）$$

問題 2.1　ある事象（天候の状態とか色の種類など）が256個あるという．この256個の事象を表現するための情報量を計算せよ．

●無記憶情報源と平均情報量●

一般に本日の天気は，前日の天気に依存し，それはさらにその以前の天気に依存するというように，ある事象が，その事象の以前に生起した事象に関係している場合が多いが，そのような事象を**記憶情報源**といい，逆にある事象がそれ以前の事象に無関係に生起する情報源を**無記憶情報源**という．その無記憶情報源において，複数の事象が生起したとすると，それぞれの事象は独立しているので，その情報量は，$I = -\log P$ の関係で計算できる．したがって，事象J_1と事象J_2の生起確率をそれぞれP_1，P_2とすれば，その情報量I_1，I_2は次のようになる．

$$I_1 = -\log_2 P_1 \qquad I_2 = -\log_2 P_2$$

この情報量にそれぞれの生起確率を乗じると，次のように平均の情報量E_1，E_2となる．

$$E_1 = P_1\cdot I_1 \qquad E_2 = P_2\cdot I_2$$

このE_1とE_2を加算した値が平均情報量を表す．すなわち，平均情報量は複数の事象が連続して生起した場合の情報量の平均として定義される．したがっ

て，n 個の事象の平均情報量 H は，次のように表される．

$$H = H_1 + H_2 + \cdots\cdots + H_n$$
$$= P_1 \cdot (-\log_2 P_1) + P_2 \cdot (-\log_2 P_2) + \cdots\cdots + P_n \cdot (-\log_2 P_n)$$
（ビット）

【例題 2.1】 事象 A，B，C の出現頻度は，それぞれ 50 ％，25 ％，25 ％である．この事象を最も少ないビットで一意に符号化する方法は，次のア～エのどれか（1 種既出）．

	事象A	事象B	事象C
ア	0 0	0 1	1 0
イ	0	1	1 0
ウ	0	1 0	1 1
エ	0	0 1	1 0

これは平均情報量の最も小さいものを求める問題である．

　　（平均情報量 ＝ Σ 確率 × 情報量（ビット数））

(ア)　$H = 0.5 \times 2 + 0.25 \times 2 + 0.25 \times 2 = 2$

(イ)　$H = 0.5 \times 1 + 0.25 \times 1 + 0.25 \times 2 = 1.25$

(ウ)　$H = 0.5 \times 1 + 0.25 \times 2 + 0.25 \times 2 = 1.5$

(エ)　$H = 0.5 \times 1 + 0.25 \times 2 + 0.25 \times 2 = 1.5$

正解は(ウ)，(イ)は BA と C が識別できない．

(エ)は BA と AC がともに 010 で識別できない．

2.2　単純マルコフ情報源

　連続して生起する事象が前の事象に依存しない無記憶情報源に対して，生起した事象がその 1 つ前の事象のみに関係する情報源を**単純マルコフ情報源**

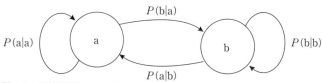

図 2.1　状態遷移図

(simple Markov source) という．つまり，現在の事象の生起確率が1つ前の事象の生起確率のみに関係する場合である．具体例を図2.1の状態遷移図で示している．この状態遷移図は次のようなことを表現している．Pは生起確率で，

P（現在の事象｜1つ前の事象）

の形式で表す．したがって，図2.1では a と b は事象を意味し，a を晴れ，b を曇りとすると，$P(a|b)$ は，たとえば本日：晴れで昨日：曇りの確率を表し，$P(b|a)$ は，本日：曇りで昨日：晴れの確率を表す．

　単純マルコフ情報源は，1つ前の事象のみに関係するのであるが，現在の事象がその以前に生起した n 個の事象に関係している場合がある．これを **n 重マルコフ情報源**（n-th Markov source）という．また，長時間にわたって観察すると，事象がある一定の値に収束する場合，そのような情報源を**エルゴート情報源**（ergodic source）という．

問題 2.2　次の図は，ある地方の日単位の天気の移り変わりを示したものであり，数値は翌日の天気の変化の確率を表している．ある日の天気が雨のとき，2日後の天気が晴れになる確率はいくらか（1種既出）．

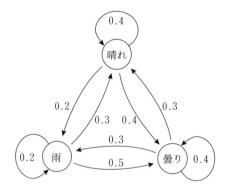

ア　0.15　　　　イ　0.27　　　　ウ　0.3　　　　エ　0.33

2.3 有限オートマトン

　私たちが日頃使用している言語は，いわゆる**自然言語**である．一方，FOR-TRAN，COBOL，C言語などのコンピュータのプログラム言語は**人工言語**と呼ばれている．この言語をコンピュータに理解させるために言語命令を形式化して定義しなければならないが，人工言語の文法，構文，解析などは形式言語理論の領域である．その形式言語を受理する機械モデルを一般に**オートマトン**（automaton）という．そのオートマトンは現在のコンピュータの原型となっている．なお，オートマトンは形式言語を受理する機械で，コンピュータと同じく入出力装置や処理・記憶装置を持っているが，具体的機械というのではなく，数理モデルである．ここでは最も簡単な有限オートマトン（Finite Automaton）を定義して，その構成と動作例を示す．

　有限オートマトン F は次のように定義される．

$$FNA = (Q, \Sigma, \delta, q_0, F)$$

ただし，

　　　Q：有限個のとりうる状態の集合

　　　Σ：入力される有限個の記号の集合

　　　δ：オートマトンの動作を規定する状態遷移関数

　　　q_0：初期状態

　　　F：最終状態

状態遷移関数 δ の表し方を次に示す．いま，システムの状態が q_0 であったとする．このとき入力信号として s_1 があると状態は q_1 になるが，入力信号が s_2 では状態は変化しない．これを次のように表す．

　　　$\delta(q_0, s_1) = q_1$　　　　$\delta(q_0, s_2) = q_0$

図2.2はこれを示している．なお，最終状態は二重の円で示す．

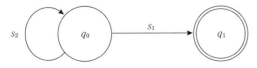

図2.2　状態遷移図

問題 2.3　次の有限オートマトン（有限状態機械）が受理できる入力の列はど
れか．なお，○は状態を，◎は受理状態（終状態）を，→は状態遷
移を表す．始状態は q_0 であり，a と b は入力記号である（1種既
出）．

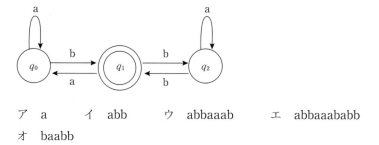

ア　a　　イ　abb　　ウ　abbaaab　　エ　abbaaababb

オ　baabb

問題 2.4　次の有限オートマトンを図示せよ．

$FNA = (Q, \Sigma, \delta, q_0, F)$

ただし，

Q：$\{q_0, q_1, q_2, q_3\}$

Σ：$\{s_1, s_2\}$

$\delta(q_0, s_1) = q_1$　　$\delta(q_1, s_1) = q_2$　　$\delta(q_2, s_1) = q_1$　　$\delta(q_3, s_1) = q_3$

$\delta(q_0, s_2) = q_3$　　$\delta(q_1, s_2) = q_0$　　$\delta(q_2, s_2) = q_3$　　$\delta(q_3, s_2) = q_3$

q_0：q_0（初期状態）

F：q_3（最終状態）

第3章

数と符号

3.1 *r* 進数

基数（radix, base）が *r* の数を *r* 進数という.

10 進数（decimal number）の 807 は，次のように分解される.

$$8 \times 10^2 + 0 \times 10^1 + 7 \times 10^0 = 807$$

2 進数（binary number）の 101 は，次のようにして 10 進数の 5 を得る.

$$1 \times 2^2 + 0 \times 2^1 + 1 \times 2^0 = 5$$

8 進数（octal number）の 73 は，次のようにして 10 進数の 59 を得る.

$$7 \times 8^1 + 3 \times 8^0 = 59$$

16 進数（hexadecimal number）の FB は，表 3.1 に示すように F は 10 進

表 3.1 10 進数，2 進数，8 進数，16 進数の対応表

10 進数	2 進数	8 進数	16 進数	10 進数	2 進数	8 進数	16 進数
0	0	0	0	9	1001	11	9
1	1	1	1	10	1010	12	A
2	10	2	2	11	1011	13	B
3	11	3	3	12	1100	14	C
4	100	4	4	13	1101	15	D
5	101	5	5	14	1110	16	E
6	110	6	6	15	1111	17	F
7	111	7	7	16	10000	20	10
8	1000	10	8				

数の 15，B は 11 であるから次のような原理で 10 進数の 251 となる．

$$15 \times 16^1 + 11 \times 16^0 = 251$$

10 進数の基数は 10 であって，0，1，2，…，9 の 10 個の数で表す．2 進数の基数は 2 で，0 と 1 の 2 数で表す．8 進数の基数は 8 で，0，1，2，…，7 の 8 個の数で表す．16 進数の基数は 16 で，0，1，2，…，9 と 10 進数の 10，11，12，13，14，15 にそれぞれ対応させた A，B，C，D，E，F の 16 個数の英数字で表す．

コンピュータ内部の演算は，2 進数が用いられ，2 進法を用いる論理を **2 値論理**（binary logic）という．これは電気の開と閉，プラスとマイナス，磁極の N と S のように現実の物理的要素が 2 値論理に合致していることと 2 値論理が明快に体系化されていることによる．2 進数の 1 桁を **ビット**（bit）といい，8 ビットを 1 **バイト**（byte）という．そして，2 進数の最上位桁を **MSB**（Most Significant Bit）といい，最下位桁を **LSB**（Least Significant Bit）という．

問題 3.1 64 ビットの 2 進数は何バイトか．

問題 3.2 4 バイトは何ビットか．

問題 3.3 2 進数 110011001100 の MSB と LSB はどれか．

3.2 基数の変換

● 10 進数への変換 ●

2 進数 $101.11 = 1 \times 2^2 + 0 \times 2^1 + 1 \times 2^0 + 1 \times 2^{-1} + 1 \times 2^{-2} = 5.75$

8 進数 $61.46 = 6 \times 8^1 + 1 \times 8^0 + 4 \times 8^{-1} + 6 \times 8^{-2} = 49.59375$

16 進数 $BF.4 = 11 \times 16^1 + 15 \times 16^0 + 4 \times 16^{-1} = 191.25$

● 10 進数を r 進数に変換 ●

例 3.1～例 3.3 に示したように 10 進数の整数部を基数で除算し，その剰余を整数部の 1 桁とする．そして，その商を再び基数で除算し，その剰余を上位の桁とする．これを除算できなくなるまで実施する．10 進数の小数部には，基数を乗算して整数部への桁上げが生じた場合にはその値を，生じない場合は

0 を小数部の1桁とする．そして，順次その積の小数部に基数を乗算して同様の処理をする．

【例3.1】 10進数 5.75 を2進数に変換する．

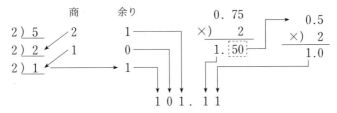

$$\therefore (5.75)_{10} = (101.11)_2$$

【例3.2】 10進数 49.59375 を8進数に変換せよ．

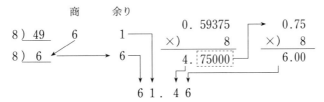

$$\therefore (49.59375)_{10} = (61.46)_8$$

【例3.3】 10進数 191.25 を16進数に変換せよ．

```
               商       余り
                               0.25
  16) 191     11      15─      ×)  16
  16)  11  ←─────→    11─      4.00
                             B F . 4
```

$$\therefore (191.25)_{10} = (BF.4)_{16}$$

● 2進数と10進数の関係●

2^n ($n = \pm 0,\ \pm 1,\ \pm 2,\ \cdots\cdots,\ \pm 32$) の値を表3.2に示している．この表からわかるように，前後に接する数値は互いに2倍または 1/2 になっている．

【課題】 $2^0 \sim 2^{16}$ の値を暗記して答えよ．

表 3.2 2^n の表 $(n = 0,\ \pm 1,\ \cdots\cdots,\ \pm 32)$

2^n	n	2^{-n}
1	0	1.0
2	1	0.5
4	2	0.25
8	3	0.125
16	4	0.062 5
32	5	0.031 25
64	6	0.015 625
128	7	0.007 812 5
256	8	0.003 906 25
512	9	0.001 953 125
1 024	10	0.000 976 562 5
2 048	11	0.000 488 281 25
4 096	12	0.000 244 140 625
8 192	13	0.000 122 070 312 5
16 384	14	0.000 061 035 156 25
32 768	15	0.000 030 517 578 125
65 536	16	0.000 015 258 789 062 5
131 072	17	0.000 007 629 394 531 25
262 144	18	0.000 003 814 697 265 625
524 288	19	0.000 001 907 348 632 812 5
1 048 576	20	0.000 000 953 674 316 406 25
2 097 152	21	0.000 000 476 837 158 203 125
4 194 304	22	0.000 000 238 418 579 101 562 5
8 388 608	23	0.000 000 119 209 289 550 781 25
16 777 216	24	0.000 000 059 604 644 775 390 625
33 554 432	25	0.000 000 029 802 322 387 695 312 5
67 108 864	26	0.000 000 014 901 161 193 847 656 25
134 217 728	27	0.000 000 007 450 580 596 923 828 125
268 435 456	28	0.000 000 003 725 290 298 461 914 062 5
536 870 912	29	0.000 000 001 862 645 149 230 957 031 25
1 073 741 824	30	0.000 000 000 931 322 574 615 478 515 625
2 147 483 648	31	0.000 000 000 465 661 287 307 739 257 812 5
4 294 967 296	32	0.000 000 000 232 830 643 653 869 628 906 25

● 2 進数，8 進数，16 進数の関係 ●

　1 桁の 8 進数が 3 ビットの 2 進数で表され，1 桁の 16 進数が 4 ビットの 2 進数で表されることに注目して以下のように 8 進数は 2 進数を 3 ビットづつ，または 16 進数は 2 進数を 4 ビットづつ区切って，それぞれ 10 進数に対応付ける操作を行う．なお，数字の右下に付けている小さな数字は基数を表している．

$$101.11_2 \longrightarrow \underbrace{101}_{5}.\underbrace{110}_{6}\,_2 = 5.6_8$$

$$101.11_2 \longrightarrow \underbrace{0101}_{5}.\underbrace{1100}_{C}\,_2 = 5.C_{16}$$

$$61.46_8 \longrightarrow \underbrace{110}_{6}\underbrace{001}_{1}.\underbrace{100}_{4}\underbrace{110}_{6}\,_2 = 110001.10011_2$$

$$BF.4_{16} \longrightarrow \underbrace{1011}_{B}\underbrace{1111}_{F}.\underbrace{0100}_{4}\,_2 = 10111111.01_2$$

問題 3.4　次の各数を指示された基数の数に変換せよ．

(1) 813_{10} を 2 進数へ　　(2) 813_{10} を 8 進数へ

(3) 813_{10} を 16 進数へ　　(4) 7.375_{10} を 2 進数へ

(5) 7.375_{10} を 8 進数へ　　(6) 7.375_{10} を 16 進数へ

(7) 10101011_2 を 10 進数へ　　(8) 10101011_2 を 8 進数へ

(9) 10101011_2 を 16 進数へ　　(10) 7.6_8 を 2 進数へ

(11) 7.6_8 を 16 進数へ　　(12) 7.6_8 を 10 進数へ

(13) $88\,FB.A_{16}$ を 2 進数へ　　(14) $88\,FB.A_{16}$ を 8 進数へ

(15) $88\,FB.A_{16}$ を 10 進数へ

問題 3.5　2 進数の 0.0111 と 16 進数の 0.9 の加算結果を 10 進数で表したものはどれか（2 種既出）．

ア　0.911　　イ　1.0000　　ウ　1.3375　　エ　1.4375
オ　1.6000

問題 3.6　8 進法で 5 桁の自然数を，2 進法で表現するには少なくとも何桁必要か（2 種既出）．

ア　5　　イ　10　　ウ　15　　エ　20　　オ　25

3.3　補数

　コンピュータの内部では**補数**（complement）を用いた加算操作で減算が行われている．そのほかのビット操作でも補数は重要な役割をしている．ここでは基数 r の補数と $r-1$ の補数について述べる．

● r の補数●

　基数 r の正数 N に対する r の補数 C_r は次の式で与えられる．

$$C_r = r^n - N$$

ただし，n は N の整数部の桁数．

【例 3.4】

$(5456)_{10}$ の 10 の補数 $\longrightarrow$　$10^4 - 5456 = 4544$

$(0.27)_{10}$ の 10 の補数 $\longrightarrow$　$10^0 - 0.27 = 0.73$

$(101)_2$ の 2 の補数 $\longrightarrow$　$2^3 - (101)_2 = (1000 - 101)_2 = (011)_2$

$(0.011)_2$ の 2 の補数 $\longrightarrow$　$2^0 - (0.011)_2 = (1.000 - 0.011)_2 = (0.101)_2$

● $r-1$ の補数●

　基数 r の正数 N に対する $r-1$ の補数 C_{r-1} は次の式で与えられる．

$$C_{r-1} = r^n - r^{-m} - N$$

ただし，n は N の整数部の桁数で，m は小数部の桁数．

【例 3.5】

$(5456)_{10}$ の 9 の補数 $\longrightarrow$　$10^4 - 10^{-0} - 5456 = 4543$

$(0.27)_{10}$ の 9 の補数 $\longrightarrow$　$10^0 - 10^{-2} - 0.27 = 0.72$

$(101)_2$ の 1 の補数 $\longrightarrow$　$2^3 - 2^{-0} - (101)_2 = (1000 - 1 - 101)_2$
$= (010)_2$

$(0.011)_2$ の 1 の補数 $\longrightarrow$　$2^0 - 2^{-3} - (0.011)_2$
$= (1.000 - 0.001 - 0.011)_2 = (0.100)_2$

● 2 進数の補数●

　上記の例からわかるように 2 進数の 2 の補数は，1 と 0 を反転して 1 を加えたものである．また 2 進数の 1 の補数は 1 と 0 を反転した値である．

【例3.6】

2進数　1000001の2の補数　⟶　0111111

2進数　1000001の1の補数　⟶　0111110

問題3.7　次の数の r の補数を求めよ．

    (1)　7388_{10}

    (2)　10110100_2

問題3.8　次の数の $r-1$ の補数を求めよ．

    (1)　7388_{10}

    (2)　10110100_2

問題3.9　次の文の（　）に適当な数字を記入せよ（2種既出）．

2つの2進数 X，Y があり，これらの2に対する補数がそれぞれ1100010，1011101であるとき $X-Y=Z$ なる Z を10進数で表すと（　）となる．

● r の補数を用いた減算●

図3.1は r の補数を用いた減算の手順を示している．この手順にしたがって，その計算例を次に示す．例3.7は $813-807=6$ である．まず被減数813

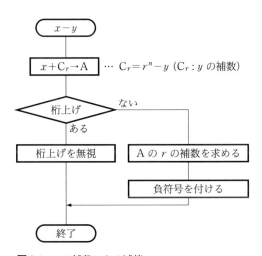

図3.1　r の補数による減算

に減数 807 の補数 193 を加算する．その結果，1006 となって桁上げするが，それを無視して 6 を答とする．例 3.8 は 807 − 813 = −6 である．例 3.7 と同様に被減数 807 に減数 813 の補数 187 を加算する．この場合は 994 になって桁上げしない．このときは加算結果 994 の補数をとって 006 得る．これに負の符号を付けて −6 を答とする．

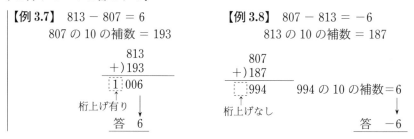

● $r − 1$ の補数を用いた減算 ●

図 3.2 は $r − 1$ の補数を用いた減算の手順を示している．この手順にしたがって，その計算例を次に示す．例 3.9 は 813 − 807 = 6 である．まず被減数 813 に減数 807 の補数 192 を加算する．その結果，1005 となって桁上げするが，その 1 をとって循環桁上げ数としてそれを 005 に加算して 6 を答とする．例 3.10 は 807 − 813 = −6 である．例 3.9 と同様に被減数 807 に減数 813 の

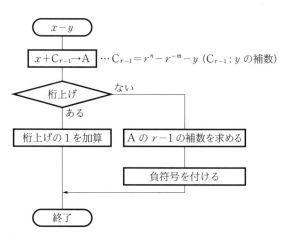

図 3.2　$r−1$ の補数による減算

補数 186 を加算する．この場合は 993 になって桁上げしない．このときは加算結果 993 の補数をとって 006 得る．これに負の符号を付けて −6 を答とする．

【例 3.9】 813 − 807 = 6 **【例 3.10】** 807 − 813 = −6

807 の 9 の補数 = 192   813 の 9 の補数 = 186

$$
\begin{array}{r}
813 \\
+)\,192 \\
\hline
1\,005 \\
+)\quad 1 \\
\hline
\text{答}\quad 6
\end{array}
$$

$$
\begin{array}{r}
807 \\
+)\,186 \\
\hline
993 \\
\end{array}
$$
桁上げなし → 993 の 9 の補数 = 6

答　−6

このあふれ（桁上げ）を循環桁上げ（end arround carry）という．

3.4 BCD コード

BCD（Binary Coded Decimal）コード（符号）は，4 ビットの 2 進数に左端のビットから順に 8，4，2，1 の重み（weight）を付けたもので，2 進化 10 進符号ともいう．

【例 3.11】 10 進数 813 を BCD に変換せよ．

813 ⟶ 1000 0001 0011

表 3.3 に BCD と 3 余りコード（excess 3 code）を示している．3 余りコードは，BCD に 3 を加算したもので，0000 という状態がないので誤り検出が容易なコードである．また，9 に対する補数を作る場合，0 と 1 を反転するのみで得られるので便利である．このような性質を**自己補数性**（self-complementary）という．

表 3.3 BCD と 3 余りコード

10 進数	BCD	3 余りコード	10 進数	BCD	3 余りコード
0	0000	0011	5	0101	1000
1	0001	0100	6	0110	1001
2	0010	0101	7	0111	1010
3	0011	0110	8	1000	1011
4	0100	0111	9	1001	1100

問題 3.10 10 進数の 1，19，199，1999，1234 を BCD に変換せよ．

3.5 情報交換用コード

情報交換用コードは，国際標準化機構（ISO：International Organization for Standardization）によって定められ，これに準拠して各国で規定されている．米国では ASCII（American Standard Code for Information Interchange）コード，わが国ではカタカナを含む JIS8 単位符号や JIS 漢字符号などがある．

表 3.4 アスキーコード

				b_7	0	0	0	0	1	1	1	1
				b_6	0	0	1	1	0	0	1	1
				b_5	0	1	0	1	0	1	0	1
b_4	b_3	b_2	b_1	列行	0	1	2	3	4	5	6	7
0	0	0	0	0	NUL	(TC$_7$) DLE	SP	0	@	P	`	p
0	0	0	1	1	(TC$_1$) SHO	DC$_1$	!	1	A	Q	a	q
0	0	1	0	2	(TC$_2$) STX	DC$_2$	"	2	B	R	b	r
0	0	1	1	3	(TC$_3$) ETX	DC$_3$	#	3	C	S	c	s
0	1	0	0	4	(TC$_4$) EOT	DC$_4$	$	4	D	T	d	t
0	1	0	1	5	(TC$_5$) ENQ	(TC$_8$) NAK	%	5	E	U	e	u
0	1	1	0	6	(TC$_6$) ACK	(TC$_9$) SYN	&	6	F	V	f	v
0	1	1	1	7	BEL	(TC$_{10}$) ETB	'	7	G	W	g	w
1	0	0	0	8	FE$_0$ (BS)	CAN	(	8	H	X	h	x
1	0	0	1	9	FE$_1$ (HT)	EM	)	9	I	Y	i	y
1	0	1	0	10	FE$_2$ (LF)	SS	*	:	J	Z	j	z
1	0	1	1	11	FE$_3$ (VT)	ESC	+	;	K	[	k	{
1	1	0	0	12	FE$_4$ (FF)	IS$_4$ (FS)	,	<	L	¥	l	|
1	1	0	1	13	FE$_5$ (CR)	IS$_3$ (GS)	−	=	M	]	m	}
1	1	1	0	14	SO	IS$_2$ (RS)	.	>	N	^	n	―
1	1	1	1	15	SI	IS$_1$ (US)	/	?	O	_	o	DEL

● **ASCII コード** ●

表 3.4 に ASCII（アスキー）コードを示している．この表から英字 A は 16
進数で 41，2 進形（BCD）で 01000001 となっている．

● **EBCDIC コード** ●

EBCDIC（Extended Binary Coded Decimal Interchange）は，エビシディ
ックと読む．これは IBM 社が大型汎用機のために制定した文字コードで，1
文字を 8 ビットで表現している．

● **JIS8 単位コード** ●

JIS8 単位コードは JIS X 0201 で標準化されている．これは ASCII コード
にカタカナコードを付加したもので，8 ビットコードになっている．

●**漢字コード**●

日本語を処理するためには漢字を符号化しなければならない．漢字の数は数
千字にも及ぶので，1 バイト（＝ 8 ビット）のデータとしては規定できない．
つまり，8 ビット長では $2^8 = 256$ であるから最大で 256 個の文字や記号を定
めることができるのみである．そこで漢字は 2 バイト長のコードとして JIS X
0208 で，6879 文字の図形文字とそれらのビットの組合せとの対応が規定され
ている．

【例 3.12】 ‘漢’ $= 3441_{16} = 0011010001000001$
【例 3.13】 ‘字’ $= 3B7A_{16} = 0011101101111010$

問題 3.11 8 ビットのコードで何種類の文字や記号を表現できるか．

3.6 数値データ

●**ゾーン形式**●

ゾーン形式はアンパック形式とも呼ばれ，1 バイトの下位 4 ビットによる
BCD として表される．そして，整数第 1 位を表す 1 バイトの上位 4 ビットが
1100（C_{16}）のとき正数，1101（D_{16}）のとき負数を表す．図 3.3 に JIS したが

0 0 1 1 ¦ 1 0 0 0	0 0 1 1 ¦ 0 0 0 1	1 1 0 0 ¦ 0 0 1 1

3	8	3	1	C	3

(a)　+813₁₀　　　　　　　　　　　　　┗C：正数を表す．

$+813_{10}$

0 0 1 1 ¦ 1 0 0 0	0 0 1 1 ¦ 0 0 0 1	1 1 0 1 ¦ 0 0 1 1

3	8	3	1	D	3

(b)　−813₁₀　　　　　　　　　　　　　┗D：負数を表す．

-813_{10}

図 3.3　ゾーン形式

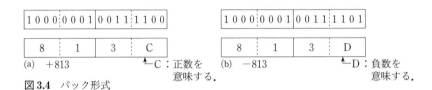

1 0 0 0 ¦ 0 0 0 1	0 0 1 1 ¦ 1 1 0 0

8	1	3	C

(a)　+813　　　　　┗C：正数を
　　　　　　　　　　意味する．

1 0 0 0 ¦ 0 0 0 1	0 0 1 1 ¦ 1 1 0 1

8	1	3	D

(b)　−813　　　　　┗D：負数を
　　　　　　　　　　意味する．

図 3.4　パック形式

って +813 と −813 を示している．EBCDIC コード（IBM 系汎用機）では JIS で 0011 となっているゾーンを 1111 としている．

●パック形式●

パック形式は数値を表す 4 ビットの BCD をパックにしたものである．数の正負は最後の 4 ビットを用いて，それが 1100（C_{16}）のとき正数，1101（D_{16}）のとき負数を表す．図 3.4 に +813 と −813 を示している．データは整数バイト長であるから，たとえば +2813 は 2813C でなく，02813C となる．

問題 3.12　+807₁₀ と −807₁₀ をゾーン形式で表せ．

問題 3.13　+8073₁₀ と −8073₁₀ をパック形式で表せ．

●固定小数点形式●

表現可能な固定小数点データの範囲は 1 語の長さが何ビットかによって定まる．また，その表現形式には，符号付絶対値型固定小数点形式，1 の補数型固定小数点形式，2 の補数型固定小数点形式がある．8 ビットデータを例にとっ

て簡単に説明すると次のようになる.

　符号付絶対値型固定小数点形式：MSB＝0で正数を，MSB＝1で負数を表現する.

　　　01111111 ＝ ＋127
　　　00000001 ＝ 1
　　　00000000 ＝ 0
　　　10000001 ＝ －1
　　　11111111 ＝ －127

　1の補数型固定小数点形式

　　　01111111 ＝ ＋127
　　　00000001 ＝ 1
　　　00000000 ＝ 0
　　　11111111 ＝ －0
　　　11111110 ＝ －1
　　　10000000 ＝ －127

　1の補数型固定小数点形式では1の補数（0と1を反転）をとって，結果として，MSB＝0：正数，MSB＝1：負数となる. ＋0と－0があることも特徴の1つである. 絶対値型も1の補数型も n ビットで表現できる数値の範囲は

$$-(2^{n-1} - 1) \sim +(2^{n-1} - 1)$$

である. 一般的に使用されるのが次の2の補数型固定小数点形式である. これは表3.5に示すように2の補数形式になっていて，0の表現は1個で，表現できる数値の個数は負数が1個多い. つまり，n ビットで表現できる数値の範囲は次のようになる.

$$-2^{n-1} \sim +(2^{n-1} - 1)$$

　【復習】 2の補数：1の補数（各ビットの0と1を反転したもの）に1を加算，またはLSBから左へ順次調べて，初めて1が現れるまでは，その1も含めてそのままとして，それより上位の各ビットの0と1を反転することで求められる.

表 3.5　固定小数点形式（2 の補数型）

0	1 1 1	1 1 1 1	$= 2^7 - 1 = 127$
0	1 1 1	1 1 1 0	$= 126$
⋮	⋮	⋮	⋮
0	0 0 0	0 0 1 0	$= 2$
0	0 0 0	0 0 0 1	$= 1$
0	0 0 0	0 0 0 0	$= 0$
1	1 1 1	1 1 1 1	$= -1$
1	1 1 1	1 1 1 0	$= -2$
⋮	⋮	⋮	⋮
1	0 0 0	0 0 1 0	$= -126$
1	0 0 0	0 0 0 1	$= -127$
1	0 0 0	0 0 0 0	$= -(2^7) = -128$

問題 3.14　1 語 16 ビットで表現できる数の範囲を計算して表 3.5 と同じように示せ．

問題 3.15　$+8190_{10}$ と -8190_{10} を 2 の補数形式の固定小数点法で表せ．ただし，1 語を 16 ビット長とする．

●**浮動小数点形式**●

数値 813 は次のような指数形式で表現できる．

$$813 = 0.813 \times 10^3$$

このとき 0.813 を**仮数**（mantissa），10 を**底**（base），3 を**指数**（exponent）という．一般に任意の大きさの実数は次の形式で表し，コンピュータでは仮数 $m < 1$，底 $b = 16$（$b = 2$，$b = 10$ などもある）とする．

$$m \times b^e$$

図 3.5 は 1 語の長さが 32 ビットの一般的な表現形式を示している．

① MSB（左端のビット）は符号ビットで，0 で正数，1 で負数を表す．

② 続く 7 ビットは底 16 の指数を表す（$-64 \sim +63$）を表す．

③ 残りの 24 ビットで仮数を表す．

【**指数部について**】

7 ビットで 16 の指数を表すのであるが，その範囲は

0000000 ～ 1111111

である．そして，その中間値である 1000000 ＝ 0 乗とする．このことにより負

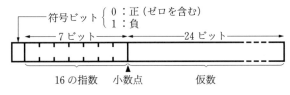

図 3.5　浮動小数点形式

の指数が表現できる．したがって，次のようになる．

指数値　1111111 ＝ ＋63 乗

指数値　1000001 ＝ 　＋1 乗

指数値　1000000 ＝ 　　0 乗

指数値　0111111 ＝ 　−1 乗

指数値　0000000 ＝ −64 乗

問題 3.16　上で説明した方式による浮動小数点形式で＋3 乗を表す 7 ビットの指数部を示せ．

問題 3.17　上で説明した方式による浮動小数点形式で−3 乗を表す 7 ビットの指数部を示せ．

【表現できる数の範囲】

図 3.5 の形式の場合，表現できる数の範囲は，$16^{-64} \sim 16^{63}$ である．この値から 10 進数に換算するとどの程度になるか計算する．

$16^{-64} = 10^{-n}$

$\therefore \quad \log 16^{-64} = \log 10^{-n}$

$\therefore \quad -64 \log 16 = -n \log 10$

$\therefore \quad n = 64 \log 16 \fallingdotseq 77.06$

同様にして

$16^{63} = 10^{n}$

$\therefore \quad \log 16^{63} = \log 10^{n}$

$\therefore \quad 63 \log 16 = n \log 10$

$\therefore \quad n = 63 \log 16 \fallingdotseq 75.85$

以上から表現できる数値の範囲は $10^{-78} \sim 10^{76}$ となる．

【仮数部について】

$m \times b^e \neq 0$ のとき $|m|$ を $1/b \leqq |m| < 1$ の範囲に定める．これを実数の**正規化**（normalization）という．具体的には次のような操作を行う．

$$0.04_{16} \times 16^0 = 0.4_{16} \times 16^{-1}$$
$$32D_{16} \times 16^0 = 0.32D_{16} \times 16^3$$

仮数部に置かれる数値は，正規化された 16 進数を 2 進形とする．これは仮数部を 4 ビット単位で左または右シフトすることを意味している．

正規化：小数部第 1 位が 0 でない数値となるようにすること

なお，正規化は仮数部の有効数字よりも上位の 0 がなくなるようにして，仮数部の有効桁数を大きくすることによって仮数部の精度を向上するための操作である．

例題として 10 進数の 813 を次の順序で浮動小数点表示してみよう．

(1)　10 進数 813 を 2 進数に変換する．

(2)　それを 16 進数にする．

(3)　その 16 進数を正規化する．

(4)　仮数部を 2 進数に変換する．

(5)　仮数部が 24 ビット以下の場合は，残りビットを空白とせずに 0 を置く．

【例 3.14】　813_{10} を浮動小数点形式で表現せよ．

$$
\begin{aligned}
813_{10} &= 001100101101_2 \\
&= 32D_{16} \\
&= 32D_{16} \times 16^0 \\
&= 0.32D_{16} \times 16^3 \\
&= 0.00110010\ 11010000\ 00000000\ 00000000 \times 16^3
\end{aligned}
$$

指数値は 3 であるから 1000011 となる．よって，浮動小数点表示は次のようになる．

$$0\ 1000011\ 00110010\ 11010000\ 00000000\ 00000000$$

問題 3.18　10 進数 8.13 を 32 ビットの浮動小数点形式で表せ．

問題 3.19　10 進数 0.015625 を 32 ビットの浮動小数点形式で表せ．

問題 3.20　10 進数 -127.75 を 32 ビットの浮動小数点形式で表せ．

問題 3.21 符号なしの 48 ビットの 2 進数で表現できる 10 進数の最大けた数 d を求めるときに利用できる関係式はどれか（2種既出）。

ア $2^{48} = 10^d$ イ $48 = 10^d$ ウ $48^2 = d^{10}$

エ $48 \times 2 = 10d$ オ $48! = 10^d$

【表現できる有効桁数】

仮数の長さが 24 ビットであることから有効桁数に制限がある。計算は 2 進数 24 桁が 10 進数で何桁まで表現できるかを求める。

$$2^{24} = 10^n$$

$$\therefore \quad \log 2^{24} = \log 10^n$$

$$\therefore \quad 24 \log 2 = n \log 10$$

$$\therefore \quad n = 24 \log 2 \fallingdotseq 7.22$$

この計算から有効桁数は 10 進法で 7 桁となる。

問題 3.22 1 語 64 ビットの倍精度では，仮数部が 56 ビットである。この場合の有効桁数を計算せよ。

ところで，指数を表現する方法として，単に 2 の補数を採用するものもある。その場合は，次のようになる。

指数値　0111111 ＝ ＋63 乗

指数値　0000001 ＝ 　＋1 乗

指数値　0000000 ＝ 　　0 乗

指数値　1111111 ＝ 　−1 乗

指数値　1000000 ＝ −63 乗

また，底が 16 でなく，底を 2 とした次のような問題もあるので考えておこう。

【例題 3.1】

数値を 16 ビットの浮動小数点表示法で表現する。形式は図に示すとおりである。10 進数 0.375 を正規化した表現を求めよ（2 種既出問題を変形）。

S	E	M

S：仮数部の符号（正は 0，負は 1）

E：2 のべき乗の指数部で 4 ビット，負数は 2 の補数

　　　M：仮数部の絶対値で11ビット

10進数 0.375 は2進数表現すると，0.011 となる．したがって正規化すると

　　　$0.011 = 0.011 \times 2^0 = 0.11 \times 2^{-1}$

となるので，-1 を4ビットの2の補数で表現すると 1111 となる．よって

0	1111	11000000000

のように表現できる．

● IEEE 規格の浮動小数点形式 ●

　16を底とする浮動小数点形式がコンピュータで広く採用され，各種試験でもこの表現形式が一般的であったが，最近では2を底とする IEEE（Institute of Electrical and Electronics Engineers：米国電気電子技術者協会）規格の表現形式が各種の試験でも採用されるようになった．この規格の 32 ビット表現は，図 3.6 に示したように符号ビットに続く8ビットで2の指数を表す．そして，残り 23 ビットで仮数を表す．

　この表現形式で表される数値は

　　　$(-1)^S (2^{E-127}) (1.M)$

である．この式からわかるようにバイアス値が 127 になっている．次にその2の指数の例を示す．

　　　　10000011 ⟶ 2の4乗
　　　　10000010 ⟶ 2の3乗
　　　　10000001 ⟶ 2の2乗
　　　　10000000 ⟶ 2の1乗
　　　　01111111 ⟶ 2の0乗
　　　　01111110 ⟶ 2の-1乗
　　　　01111101 ⟶ 2の-2乗

また，以下のように定義されている．

　(1)　E = 11111111 (= 255)，M = 0：∞

┌ S：符号ビット　0は0又は正数，1は負数
↓

S	E：8ビット	M：23ビット

図 3.6　IEEE 規格の浮動小数点形式

(2) E = 11111111 (= 255), M ≠ 0：非数

(3) E = 00000000 (= 0) は, 0.0

次に浮動小数点表示とそれに等しい 10 進数表示を示す.

符号	2 の指数部	仮数部	10 進数
0	10000001	11000000000000000000000	7
0	10000001	10000000000000000000000	6
0	10000001	01000000000000000000000	5
0	01111111	10000000000000000000000	1.5
0	01111110	10000000000000000000000	0.75
1	01111110	10000000000000000000000	−0.75

【例 3.15】 （10 進数＝ 7 の例） 2 の指数部が 10000001 であるから指数値は 129 − 127 = 2 である. したがって

$$(-1)^S (2^{E-127})(1.M) = (-1)^0 (2^2)(1.11)_2 = 4 \times (1 + 0.5 + 0.25) = 7$$

【例 3.16】 （10 進数＝0.75 の例） 2 の指数部が 01111110 であるから指数値は 126 − 127 = − 1 である. したがって

$$(-1)^S (2^{E-127})(1.M) = (-1)^0 (2^{-1})(1.1)_2 = 0.5 \times (1 + 0.5) = 0.75$$

以上を要約すると, 次のようになる.

① 指数部が 127 （＝01111111）でバイアスされている.

② 仮数部は 2 進数を正規化した最初の 1 は整数部に隠れて, 2 桁目からの表示になっている.

たとえば, 10 進数の 5 を 2 進数で表すと 101 である. これを正規化すると, 0.101×2^3 となる. この場合, 仮数部は 0.101 の最初の 1 を隠して, 010…0 とする.

次に 10 進数を浮動小数点数で表現する計算例を示す.

【例題 3.2】 10 進数の 5 を浮動小数点表示せよ.

10 進数 5 を 2 進数に変換すると, 101 となる. これを正規化すると 1.01×2^2 となる. 指数値 = 2 ゆえ指数部は 2 + 127 = 129 から

　　指数部 = 10000001

仮数部は 1.01 より

　　仮数部 = 0100 … 0

を得る．その結果，上記の表のように求まる．

【例題 3.3】　10 進数の 813 を浮動小数点表示せよ．

10 進数 813 を 2 進数に変換すると，001100101101 となる．これを正規化すると 1.100101101×2^7 となる．指数値 ＝ 7 ゆえ指数部は 7 ＋ 127 ＝ 134 から

　　指数部 ＝ 10000110

仮数部は 1.100101101 より

　　仮数部 ＝ 1001011010 … 0

を得る．その結果，次のように求まる．

0	10000110	1001011010000000000000000

問題 3.23　次の浮動小数点表示を 10 進数で表せ．

0	10000011	1110………0

問題 3.24　次の浮動小数点表示を 10 進数で表せ．

1	01111100	0100………0

問題 3.25　10 進数 255 を浮動小数点表示せよ．

問題 3.26　10 進数 −5 を浮動小数点表示せよ．

問題 3.27　IEEE 754（1985）標準では，32 ビットの浮動小数点を次の形式で表現する．

S	E	M

S：符号，1 ビット

E：指数部，8 ビット，2 進数値，バイアス値 127

M：仮数部，23 ビット，2 進小数値

特別な値	符号	指数値	仮数部
＋∞	0	000…0	000…0 以外
−∞	1	000…0	000…0 以外
Nan （非数）	0 1	111…1 111…1	000…0 以内 000…0 以内
＋0	0	000…0	000…0
−0	1	000…0	000…0

この形式で表現される数値は $(-1)^S \, (2^{E-127}) \, (1.M)$ となる．ここで，

(1.M) は，正規化して 1 の位が 1 で，残りの小数部分が M であることを表す．ただし，特別な値については，表に示したとおりに表現する．

次の値のうち，正しい浮動小数点表現になっているのはどれか（1種既出）．

	値	符号	指数部	仮数部
ア	0.25	0	01111110	100……00
イ	1.5	0	01111111	100……00
ウ	絶対値での最小値	0	00000000	000……01
エ	最大値	0	11111111	111……11

3.7　数値計算の誤差

●丸め誤差●

円周率 π の値は $3.1415926\cdots$ である．これを 3.14 とすることを**丸める**（rounding）という．この場合は小数部を 2 桁に丸めたもので，丸めて得られた数字を有効数字という．3.14 は有効数字 3 桁で，誤差は 0.005 以下である．それは丸めが四捨五入または切り捨てのどちらかを用いることによる．コンピュータではレジスタなどのビット数に制限があり，有限桁の数値演算となる．したがって，計算のたびに**丸め誤差**（rounding error）が生じることになる．

【例 3.17】　$a = 0.88 \times 10^2$，$b = 0.73 \times 10^{-2}$ のとき $a + b$ を求める．

$$a + b = 0.88 \times 10^2 + 0.73 \times 10^{-2}$$
$$= 0.88 \times 10^2 + 0.000073 \times 10^2$$
$$= 0.880073 \times 10^2$$

ここで有効桁数を 2 桁とすると $a + b = 0.88 \times 10^2$ になり，有効桁数を 5 桁にすると $a + b = 0.880073 \times 10^2$ になる．

問題 3.28　$a = 0.88 \times 10^2$，$b = 0.73 \times 10^{-2}$，$c = 0.52 \times 10^{-2}$ のとき，有効数字を 5 桁として，$(a + b) + c$ と $a + (b + c)$ を計算して，$(a + b) + c \neq a + (b + c)$ となることを確かめよ．

●桁落ち●

桁落ちは計算の結果，有効桁数が少なくなることをいう．たとえば，次の減算では有効桁数5桁の2数の差をとった場合，有効桁数が1桁になったものである．

$$0.12345 - 0.12344 = 0.00001$$

次の式は2次方程式 $ax^2 + bx + c = 0$ の解の1つである．

$$x = \frac{-b + \sqrt{b^2 - 4ac}}{2a} \tag{3.1}$$

この場合，$b > 0$ で $b^2 \gg 4ac$ のとき，分子の計算に減算があるので桁落ちが生じる．そこで，分母分子に $-b - \sqrt{b^2 - 4ac}$ を乗じて

$$x = \frac{-2c}{b + \sqrt{b^2 - 4ac}} \tag{3.2}$$

とすると，減算の項がなくなるので桁落ちもなくなる．

第 4 章

論理回路

4.1　2値論理

●ブール代数の基本定理●

x，y，z を 0 または 1 をとる 2 値論理変数ととしたとき，以下の各定理が導かれている．ただし，論理和を「＋」，論理積を「・」，論理否定を「 ̄」として示している．

(1)　同一則

$$\begin{cases} x + x = x \\ x \cdot x = x \end{cases}$$

(2)　吸収則

$$\begin{cases} x + 1 = 1 \\ x \cdot 0 = 0 \end{cases} \qquad \begin{cases} x + 0 = x \\ x \cdot 1 = x \end{cases}$$

(3)　否定則

$$\begin{cases} x + \overline{x} = 1 \\ x \cdot \overline{x} = 0 \end{cases}$$

(4)　交換則

$$\begin{cases} x + y = y + x \\ x \cdot y = y \cdot x \end{cases}$$

(5)　結合則

$$\begin{cases} (x + y) + z = x + (y + z) \\ (x \cdot y) \cdot z = x \cdot (y \cdot z) \end{cases}$$

(6)　分配則

$$\begin{cases} x \cdot (y + z) = x \cdot y + x \cdot z \\ x + y \cdot z = (x + y) \cdot (x + z) \end{cases}$$

問題 4.1　分配則を用いて次の関係を求めよ．

(1)　$x + \overline{x} \cdot y = x + y$

(2)　$x + y \cdot \overline{y} = (x + y) \cdot (x + \overline{y})$

●双対の理●

　ある等式が与えられた場合，その演算子と定数について＋を・，・を＋に，また 0 を 1，1 を 0 に変えて得られる新しい関係もまた成立する．これを**双対の理**（principle of duality）という．したがって，上記(1)〜(6)の ｛ で示している 2 つの等式は互いに双対である．

●ド・モルガン（De Morgan）の定理●

1 変数：$\overline{\overline{x}} = x$

2 変数：$\overline{x + y} = \overline{x} \cdot \overline{y}$　　　　$\overline{x \cdot y} = \overline{x} + \overline{y}$

n 変数：$\begin{cases} \overline{x_1 + x_2 + \cdots + x_n} = \overline{x_1} \cdot \overline{x_2} \cdot \cdots \cdot \overline{x_n} \\ \overline{x_1 \cdot x_2 \cdot \cdots \cdot x_n} = \overline{x_1} + \overline{x_2} + \cdots + \overline{x_n} \end{cases}$

●ベン図●

　ブール関数を視覚的に理解する方法として，図 4.1 に示した**ベン図**（Venn diagram）がある．これは集合の概念によるが，簡単のため円の内部を真理値 1，円の外部を真理値 0 とする．したがって，円の内部を x とすれば円の外は $\overline{x}$ になる．図(a)はその x と $\overline{x}$ の関係，図(b)は x と y の共通部分が論理積 $x \cdot y$，図(c)は x または y の領域が論理和 $x + y$，図(d)は x と y の共通部分以外の部分が論理積否定 $\overline{x \cdot y}$，図(e)は x または y の領域でない領域が論理和否定 $\overline{x + y}$，図(f)は抑止の関係 $x \cdot \overline{y}$ と $\overline{x} \cdot y$ をそれぞれ示している．

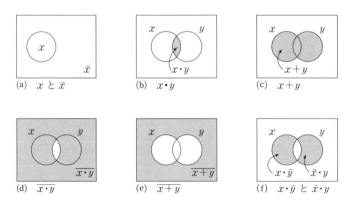

(a)　x と $\bar{x}$　　　(b)　$x \cdot y$　　　(c)　$x + y$

(d)　$\overline{x \cdot y}$　　　(e)　$\overline{x + y}$　　　(f)　$x \cdot \bar{y}$ と $\bar{x} \cdot y$

図 4.1　ベン図

問題 4.2 次に示すベン図の①〜⑤の部分を表す論理式はどれか（2種類似）.

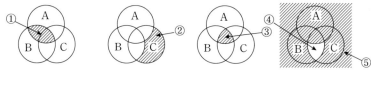

ア	$A + B$	イ	$\overline{A} + \overline{B}$	ウ	$A \cdot B$
エ	$A + B + C$	オ	$\overline{A} + B + C$	カ	$A + \overline{B} + \overline{C}$
キ	$A \cdot B \cdot C$	ク	$A \cdot \overline{B} \cdot \overline{C}$	ケ	$\overline{A} \cdot B \cdot C$
コ	$\overline{A} \cdot \overline{B} \cdot C$				

【基本論理演算】

2値2変数による関数の数は 16（$= 2^{2^2}$）個である. したがって, 2値 n 変数による関数は 2^{2^n} 個である. 表 4.1 は2値変数 x と y による出力論理値を示している. これを**真理値表**（truth table）という. 表 4.2 は表 4.1 のブール関

表 4.1 2変数による出力関数値

x	y	f_0	f_1	f_2	f_3	f_4	f_5	f_6	f_7	f_8	f_9	f_{10}	f_{11}	f_{12}	f_{13}	f_{14}	f_{15}
0	0	0	0	0	0	0	0	0	0	1	1	1	1	1	1	1	1
0	1	0	0	0	0	1	1	1	1	0	0	0	0	1	1	1	1
1	0	0	0	1	1	0	0	1	1	0	0	1	1	0	0	1	1
1	1	0	1	0	1	0	1	0	1	0	1	0	1	0	1	0	1

表 4.2 論理演算の関数と名称

ブール関数	名称	ブール関数	名称
$f_0 = 0$	0	$f_8 = \overline{x + y}$	NOR
$f_1 = x \cdot y$	AND	$f_9 = x \cdot y + \overline{x} \cdot \overline{y}$	一致
$f_2 = x \cdot \overline{y}$	抑止	$f_{10} = \overline{y}$	否定
$f_3 = x$	転送	$f_{11} = x + \overline{y}$	含意
$f_4 = \overline{x} \cdot y$	抑止	$f_{12} = \overline{x}$	否定
$f_5 = y$	転送	$f_{13} = \overline{x} + y$	含意
$f_6 = x \cdot \overline{y} + \overline{x} \cdot y$	排他的論理和	$f_{14} = \overline{x \cdot y}$	NAND
$f_7 = x + y$	OR	$f_{15} = 1$	1

数（論理式）とその名称を示している.

問題 4.3　論理式 $\overline{(A + B) \cdot C}$ と等しいものはどれか. ここで, "・"は論理積 (AND), "+"は論理和 (OR), $\overline{Z}$ は Z の否定 (NOT) を表す (2 種既出).

　　ア　$A \cdot B + \overline{C}$　　　イ　$A \cdot B \cdot \overline{C}$　　　ウ　$\overline{A} + \overline{B} + \overline{C}$

　　エ　$\overline{A} \cdot \overline{B} + \overline{C}$　　オ　$(\overline{A} + \overline{B}) \cdot \overline{C}$

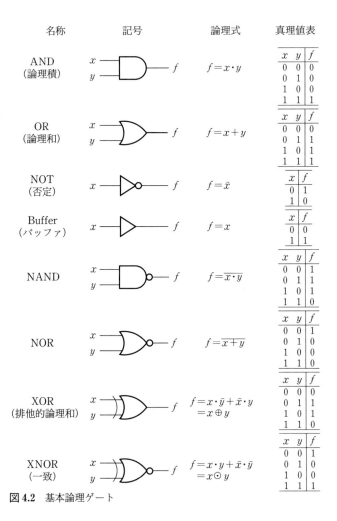

名称	記号	論理式	真理値表

AND（論理積）　$f = x \cdot y$

x	y	f
0	0	0
0	1	0
1	0	0
1	1	1

OR（論理和）　$f = x + y$

x	y	f
0	0	0
0	1	1
1	0	1
1	1	1

NOT（否定）　$f = \bar{x}$

x	f
0	1
1	0

Buffer（バッファ）　$f = x$

x	f
0	0
1	1

NAND　$f = \overline{x \cdot y}$

x	y	f
0	0	1
0	1	1
1	0	1
1	1	0

NOR　$f = \overline{x + y}$

x	y	f
0	0	1
0	1	0
1	0	0
1	1	0

XOR（排他的論理和）　$f = x \cdot \bar{y} + \bar{x} \cdot y = x \oplus y$

x	y	f
0	0	0
0	1	1
1	0	1
1	1	0

XNOR（一致）　$f = x \cdot y + \bar{x} \cdot \bar{y} = x \odot y$

x	y	f
0	0	1
0	1	0
1	0	0
1	1	1

図 4.2　基本論理ゲート

●論理ゲート●

AND，OR，NOT などの基本論理回路は，一般に基本論理ゲートとか単に論理ゲート呼ばれる．図4.2は表4.2のうち主要な関数について，その真理値表と論理回路記号を示している．AND ゲートは**論理積**で，複数の入力論理値がすべて1（真）のときのみ出力論理値も1（真）となる．1つでも0（偽）があれば，出力論理値は0（偽）になる．OR ゲートは**論理和**で，複数の入力論理値のうち，1個でも1ならば出力論理値は1となる．NOT は**否定**ゲートで，インバータ（inverter）とも呼ばれ，入力論理値が反転される．バッファは**転送**ゲートと呼ばれ，入力論理値と出力論理値が同一である．NAND は**論理積否定**で AND を反転，NOR は**論理和否定**で OR を反転したものである．XOR は**排他的論理和**（eXclusive OR）で，全員賛成または反対では出力論理値は1にならない．全員が賛成または反対で出力論理値が1になるのはXNOR である．これは**一致**ゲートと呼ばれる．

●正論理と負論理●

図4.3に正論理と負論理を示している．2値信号のうち高い値（H）を論理値1，低い値（L）を論理値0としたものを**正論理**（positive logic）という．一方，高い値（H）を論理値0，低い値（L）を論理値1としたものを**負論理**（negative logic）という．

問題 4.4　正論理の真理値表から正 AND は負 OR と同一で，逆に正 OR は負 AND と同一であることを示せ．

問題 4.5　正論理の真理値表から正 NAND は負 NOR と同一で，逆に正 NOR は負 NAND と同一であることを示せ．

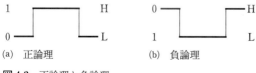

(a) 正論理　　　(b) 負論理

図 4.3　正論理と負論理

●**標準形**●

次に示す論理式は，変数 x, y, z の関数であることを示している．

$$f(x, y, z) = \overline{x} \cdot \overline{y} \cdot z + x \cdot \overline{y} \cdot \overline{z} + x \cdot y \cdot \overline{z} + x \cdot y \cdot z$$

この論理式の各項はすべての変数（x, y, z）を含み，論理積の形式となっている．このような形式の項を**最小項**（minterm）といい，最小項の論理和で表現されている論理式を**加法標準形**（disjunctive canonical form）という．また，この論理式にド・モルガンの定理を適用すると次のようになる．

$$\overline{f(x, y, z)} = (x + y + \overline{z}) \cdot (\overline{x} + y + z) \cdot (\overline{x} + \overline{y} + z) \cdot (\overline{x} + \overline{y} + \overline{z})$$

この論理式の各項はすべての変数（x, y, z）を含み，論理和の形式となっている．このような形式の項を**最大項**（maxterm）といい，最大項の論理積で表現されている論理式を**乗法標準形**（conjunctive canonical form）という．

4.2 論理式の簡単化

次の論理式を論理回路で実現すると，図 4.4 になる．

$$f = \overline{x} \cdot y \cdot z + x \cdot \overline{y} \cdot z + x \cdot y \cdot z$$

ところが，この論理式を次のように変形すると，論理回路は図 4.5 のように簡単になる．

$$\begin{aligned} f &= \overline{x} \cdot y \cdot z + x \cdot \overline{y} \cdot z + x \cdot y \cdot z \\ &= x \cdot z \cdot (y + \overline{y}) + (x + \overline{x}) \cdot y \cdot z \\ &= x \cdot z + y \cdot z \end{aligned}$$

論理式の簡単化は，使用する論理回路が減少し，高速化，小型化，経済性の向上とともに信頼性も向上する．

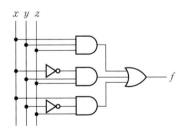

図 4.4 論理回路

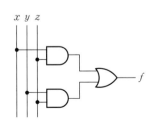

図 4.5 論理回路の簡単化

問題 4.6 $f = x \cdot y + x \cdot y$ を簡単化せよ.

問題 4.7 $f = x \cdot y + 1$ を簡単化せよ.

問題 4.8 $f = x \cdot y + x \cdot \bar{y}$ を簡単化せよ.

●カルノー図法●

変数の数が 4 変数までなら，カルノー図（karnaugh map）を用いて容易に簡単化できる．図 4.6，図 4.7，図 4.8 はそれぞれ 2 変数，3 変数，4 変数のカルノー図を示している．各桝目の左と上部の数値（0，1）は各変数の値で，この順番は重要である．バーが付いた変数は 0，付いていない変数には 1 が対応している．各桝目は最小項を示している．隣接する桝目は 1 ビットしか変化していない．したがって，上下左右の端は互いに隣接している．

簡単化の方法は，図 4.9 に 3 変数と 4 変数の場合について示している．つまり，論理式から該当する最小項の桝に 1 を記入して，隣接する桝目のうち論理値が 1 の桝を可能な限り大きく（2 個，4 個，8 個，16 個）を囲む．$x + \bar{x}$ ＝ 1 の関係により囲んだ桝目の左と上部の変数値が 0 と 1 の変数を削除する．図 4.9(a)は，次の式を簡単化している．

$x \backslash^{y}$	0	1
0	$\bar{x} \cdot \bar{y}$	$\bar{x} \cdot y$
1	$x \cdot \bar{y}$	$x \cdot y$

図 4.6　2 変数カルノー図

$x \backslash^{yz}$	0 0	0 1	1 1	1 0
0	$\bar{x} \cdot \bar{y} \cdot \bar{z}$	$\bar{x} \cdot \bar{y} \cdot z$	$\bar{x} \cdot y \cdot z$	$\bar{x} \cdot y \cdot \bar{z}$
1	$x \cdot \bar{y} \cdot \bar{z}$	$x \cdot \bar{y} \cdot z$	$x \cdot y \cdot z$	$x \cdot y \cdot \bar{z}$

図 4.7　3 変数カルノー図

$wx \backslash^{yz}$	0 0	0 1	1 1	1 0
0 0	$\bar{w} \cdot \bar{x} \cdot \bar{y} \cdot \bar{z}$	$\bar{w} \cdot \bar{x} \cdot \bar{y} \cdot z$	$\bar{w} \cdot \bar{x} \cdot y \cdot z$	$\bar{w} \cdot \bar{x} \cdot y \cdot \bar{z}$
0 1	$\bar{w} \cdot x \cdot \bar{y} \cdot \bar{z}$	$\bar{w} \cdot x \cdot \bar{y} \cdot z$	$\bar{w} \cdot x \cdot y \cdot z$	$\bar{w} \cdot x \cdot y \cdot \bar{z}$
1 1	$w \cdot x \cdot \bar{y} \cdot \bar{z}$	$w \cdot x \cdot \bar{y} \cdot z$	$w \cdot x \cdot y \cdot z$	$w \cdot x \cdot y \cdot \bar{z}$
1 0	$w \cdot \bar{x} \cdot \bar{y} \cdot \bar{z}$	$w \cdot \bar{x} \cdot \bar{y} \cdot z$	$w \cdot \bar{x} \cdot y \cdot z$	$w \cdot \bar{x} \cdot y \cdot \bar{z}$

図 4.8　4 変数カルノー図

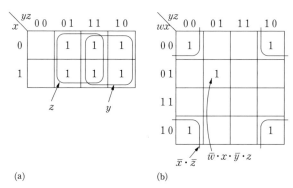

(a)　　　　　　　　　　　　(b)

図4.9　カルノー図による簡単化

$$f = \overline{x} \cdot \overline{y} \cdot z + \overline{x} \cdot y \cdot \overline{z} + \overline{x} \cdot y \cdot z + x \cdot \overline{y} \cdot z + x \cdot y \cdot \overline{z}$$
$$+ x \cdot y \cdot z$$

そして，簡単化の結果，$f = x + y$になることを示している．図4.9(b)は，次の式を簡単化している．

$$f = \overline{w} \cdot \overline{x} \cdot \overline{y} \cdot \overline{z} + \overline{w} \cdot \overline{x} \cdot y \cdot \overline{z} + \overline{w} \cdot x \cdot \overline{y} \cdot z + w \cdot \overline{x} \cdot \overline{y} \cdot \overline{z}$$
$$+ w \cdot \overline{x} \cdot y \cdot \overline{z}$$

そして，簡単化の結果，$f = \overline{x} \cdot \overline{z} + \overline{w} \cdot x \cdot \overline{y} \cdot z$になることを示している．なお，$\overline{w} \cdot x \cdot \overline{y} \cdot z$の項は，隣接する枡目がないので簡単化されていない．

問題 4.9　次の論理式をカルノー図法で簡単化せよ．

(1)　$f = x \cdot \overline{y} \cdot \overline{z} + x \cdot \overline{y} \cdot z + x \cdot y \cdot z$

(2)　$f = \overline{x} \cdot \overline{y} \cdot z + \overline{x} \cdot y \cdot \overline{z} + \overline{x} \cdot y \cdot z + x \cdot \overline{y} \cdot z + x \cdot y \cdot z$

(3)　$f = \overline{w} \cdot \overline{x} \cdot \overline{y} \cdot \overline{z} + \overline{w} \cdot \overline{x} \cdot \overline{y} \cdot z + \overline{w} \cdot \overline{x} \cdot y \cdot \overline{z}$
　　　$+ \overline{w} \cdot x \cdot y \cdot \overline{z} + w \cdot \overline{x} \cdot \overline{y} \cdot \overline{z} + w \cdot \overline{x} \cdot \overline{y} \cdot z$
　　　$+ w \cdot \overline{x} \cdot y \cdot \overline{z}$

4.3　組合せ論理回路

入力変数の論理値が定まれば，出力論理値が一意に決定される論理回路を**組合せ論理回路**（combinational logic circuit）という．その設計手順を次に示す．

手順 1. 真理値表から論理式を導く．

手順 2. 論理式を簡単化する．

手順 3. AND，OR，NOT で論理回路図を作成する．

手順 4. NAND または NOR ゲートに統一する．

手順 5. タイムチャートを作成して動作を確認する．

●設計例●

図 4.10 は表 4.3 に示す真理値表を実現する組合せ論理回路の設計を示している．

手順 1. 真理値表の出力論理値が 1 の最小項を取り出して論理式を導く．

$$f = \overline{w} \cdot \overline{x} \cdot y \cdot z + \overline{w} \cdot x \cdot y \cdot z + w \cdot \overline{x} \cdot y \cdot z + w \cdot x \cdot \overline{y} \cdot \overline{z}$$
$$+ w \cdot x \cdot \overline{y} \cdot z + w \cdot x \cdot y \cdot \overline{z} + w \cdot x \cdot y \cdot z$$

手順 2，手順 3，手順 4 は図 4.10 に示す．

●半加算器と全加算器●

半加算器（half adder）は下位からの桁上げ入力がない加算器で，表 4.4 の真理値表で表せる．出力は和（S）と上位への桁上げ（C）である．**全加算器**（full adder）は下位からの桁上げ入力（C_{-1}）がある加算器で，表 4.5 の真理値表で表せる．出力は和（S）と上位への桁上げ（C）である．

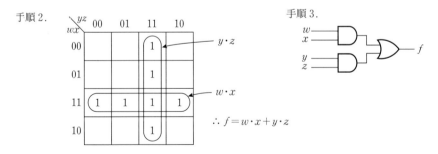

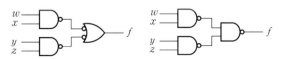

図 4.10 組合せ論理回路の設計

表 4.3　真理値表

w	x	y	z	f
0	0	0	0	0
0	0	0	1	0
0	0	1	0	0
0	0	1	1	1
0	1	0	0	0
0	1	0	1	0
0	1	1	0	0
0	1	1	1	1
1	0	0	0	0
1	0	0	1	0
1	0	1	0	0
1	0	1	1	1
1	1	0	0	1
1	1	0	1	1
1	1	1	0	1
1	1	1	1	1

表 4.4　半加算器

x	y	S	C
0	0	0	0
0	1	1	0
1	0	1	0
1	1	0	1

表 4.5　全加算器

x	y	C_{-1}	S	C
0	0	0	0	0
0	0	1	1	0
0	1	0	1	0
0	1	1	0	1
1	0	0	1	0
1	0	1	0	1
1	1	0	0	1
1	1	1	1	1

問題 4.10　半加算器の論理式を求めて，それを実現する論理回路図を作成せよ．

問題 4.11　全加算器の論理式を求めて，それを実現する論理回路図を作成せよ．

問題 4.12　下図に示す論理回路は，どの回路か（2 種既出）．

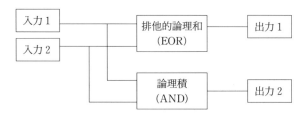

　　ア　減算　　　イ　乗算　　　ウ　全加算　　　エ　半加算

問題 4.13 次の各論理回路の出力関数を求めよ.

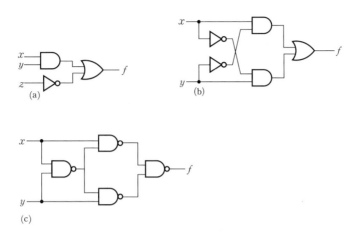

4.4 順序回路

順序回路 (sequential circuit) は,その出力論理値が入力論理値の組合せに
よっては一意的に定まらず,内部状態に依存する論理回路である. 2 つの安定
状態(双安定状態)を持つ**フリップフロップ** (FF: flip-flop) はその基本で
ある.

● RS フリップフロップ ●

RS-FF の論理回路図と**特性表** (characteristic table) を図 4.11 に示してい
る. $S = 1$, $R = 0$ で $Q = 1$ にセットされ, $S = 0$, $R = 1$ で $Q = 0$ にリセ

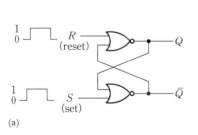

S	R	Q	$\bar{Q}$	注意
1	0	1	0	
0	0	1	0	$S=1$ の後 $R=0$
0	1	0	1	
0	0	0	1	$S=0$ の後 $R=1$
1	1	0	0	使用禁止

(a)　　　　　　　　　　(b)

図 4.11 NOR ゲートを用いた *RS* フリップフロップ

ットされる．セットまたはリセットの後，$S = 0$，$R = 0$ になっても状態は変化せず，前の状態を保持（記憶）している．なお，$S = 1$，$R = 1$ は論理的矛盾となるので使用しない．

● JK フリップフロップ ●

JK-FF の論理回路図と特性表および**特性方程式**（characteristic　equation）を得るためのカルノー図を図 4.12 に示している．その特性方程式は次のようになる．

$$Q\,(t+1) = J \cdot \overline{Q(t)} + \overline{K} \cdot Q(t)$$

入力 J と K は，それぞれ RS-FF の S と R に対応する．表 4.6 は図 4.12 の特性表を簡単にしたものである．これらの特性表から，$J = K = 1$ とすれば，1 ビット後（$t+1$）には出力 Q が常に前の状態を反転することがわかる．これを利用したのが図 4.13 に示したカウンタ（計数器）である．CP はクロックパルスで，この CP に対して 2 進，4 進，8 進カウンタを実現している．なお，n 個の入力パルスに対して 1 個の出力パルスを発生するカウンタを n 進カウンタという．CLK についている○は状態表示記号といい，この場合入力信号が H レベルから L レベルに変化するときに状態が決定されることを意味する．

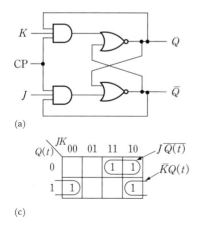

$Q(t)$	J	K	$Q(t+1)$
0	0	0	0
0	0	1	0
0	1	0	1
0	1	1	1
1	0	0	1
1	0	1	0
1	1	0	1
1	1	1	0

(b)

(c)

図 4.12 *JK* フリップフロップ

表 4.6 特性表

J	K	$Q(t+1)$
0	0	$Q(t)$
0	1	0
1	0	1
1	1	$\overline{Q(t)}$

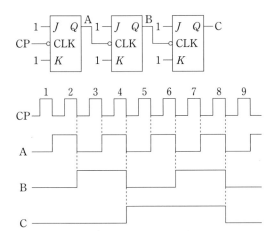

図 4.13 2進，4進，8進カウンタ

第 5 章

CPU と計算処理のしくみ

5.1 CPU のアーキテクチャ

CPU (Central Processing Unit) は，すでに述べているように算術論理演算装置と制御装置の総称である．その構成・構造形式を一般に**アーキテクチャ** (Architecture) と呼んでいるが，それは CPU によって異なる．算術論理演算装置 (ALU: Arithmetic and Logic Unit) は，四則演算回路，論理演算回路，補数器，フラグレジスタ，アキュムレータなどで構成されていて，各種の数値計算や数値の大小比較などの演算を行う．制御装置は命令を読み出して，その命令をデコーダで解読して命令を実行し，システムを制御する．

● レジスタ ●

レジスタ (resister) は情報の一時記憶場所である．16 ビットのレジスタでは，1010111100001100 のような 0 と 1 の状態が電子回路的に保持されている．この情報がこれから計算する数値や，アドレスを示す値である．そのレジスタには汎用的に使用できる汎用レジスタと特定の役目の特殊レジスタがある．次にその特殊レジスタについて簡単に説明する．

アキュムレータ (Acc: Accumulator)：被演算数や演算結果を一時的に置く専用レジスタで，累算器とも呼ばれる．

フラグレジスタ (flag register)：CPU の演算結果が正，負，0，あるいは桁上げがあったか，オーバーフローをしていないか，などの状態情報を一時的に記憶するレジスタである．そのようなことから状態レジスタ (status register) とも呼ばれる．

メモリデータレジスタ：主記憶装置から読み出されたデータや書き込むデータが一時的に置かれる．

命令レジスタ：主記憶装置から読み出された命令が置かれる．

メモリアドレスレジスタ：命令レジスタやデータバスからのアドレス情報が置かれる．単にアドレスレジスタともいう．

プログラムカウンタ（program counter）：プログラムカウンタには，CPUが次に読み出して実行する命令が記憶されている主記憶装置のアドレス情報が置かれている．このレジスタはカウンタであって，1 つの命令が実行されると次に実行する命令のアドレスにカウントアップされる．カウントアップの最小単位は 1 であるが，命令の長さに依存するので，＋2 や＋4 のシステムがある．アドレスカウンタともいう．

ベースレジスタ（base register）：主記憶装置に格納されるプログラムの先頭番地を置くレジスタである．このレジスタを採用する方式では，プログラムを任意のアドレスに配置して実行することができる．これをプログラムの再配置（relocation）が可能であるという．あるいは，リロケータブル（relocatable）であるという．

インデックスレジスタ（index register）：インデックスレジスタは，指標レジスタとも呼ばれ，命令のアドレス部の値とともに主記憶装置のアドレス値を与える．

5.2　計算処理のしくみ

図 5.1 に簡単な計算処理のしくみを示している．これは主記憶装置の加算プログラムを読み出して，その実行結果を再び主記憶装置に格納する例である．このプログラムは，5 番地，6 番地，7 番地に格納されている．そして，100番地には数値データ 73 が，200 番地には数値データ 88 がすでに格納されているものとする．この実行過程を次に示す．

① 　5 番地のロード命令で主記憶装置の 100 番地のデータ 73 をアキュムレータに転送する．

② 　プログラムカウンタが指定した 6 番地の加算命令を命令レジスタに取り出す．このあと，ただちにプログラムカウンタの値は，次に実行する命

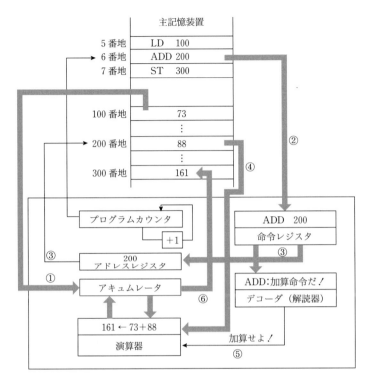

図5.1 命令実行の制御

　令が格納されている7番地に更新される.

③ 命令レジスタに取り出された命令語の命令部は,デコーダによって加算命令であることが解読される.命令語のアドレス部はアドレスレジスタに格納され,200番地のデータ88を指定している.

④ アドレスレジスタが指定するアドレス（200番地）からデータ88がメモリデータレジスタ（図5.1では省略）に取り出される.

⑤ すでに100番地からアキュムレータに転送されているデータ73と,いま200番地から取り出されたメモリデータレジスタのデータ88がデコーダの加算制御命令で加算される.

⑥ 加算の結果,（73 + 88 = 161）を7番地のストア命令で300番地へ格納する.

5.3　命令の形式

　作成されたプログラムが主記憶装置に格納された段階では，各命令はコンピュータの電子回路が理解できるように機械語と呼ばれる形式になっている．図5.2 に示しているように，命令は**命令部**（操作部）と**アドレス部**（番地部）で構成されている．命令部には加算，シフト，転送などの命令が，10101111 のような2進形で置かれる．アドレス部はオペランド部とも呼ばれ，アドレス値やレジスタ番号などが置かれる．なお，オペランド（operand）というのは，アドレスやレジスタ番号など演算が行われる対象となる部分を意味する．命令の形式では，アドレス部のない命令形式を0アドレス形式，アドレス部の数が1個のものを1アドレス形式，2個のものを2アドレス形式といい，3アドレス形式までが一般的に知られている．

　たとえば，単にレジスタの値を+1せよ，という命令などは0アドレス形式である．レジスタにA番地のデータを転送せよ，という命令は1アドレス形式，A番地のデータとB番地のデータを加算して，その結果をA番地に格納せよ，という命令は2アドレス形式，そしてA番地のデータとB番地のデータを加算して，その結果をC番地に格納せよ，という命令などは3アドレス形式の命令である．

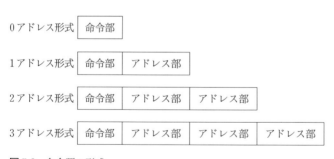

図5.2　命令語の形式

5.4　アドレス指定方式

　主記憶装置のアドレスを指定することをアドレッシングといい，いくつかの方式があるが，図5.3に直接アドレス指定方式と指標アドレス指定方式を示す．

　即値アドレス指定方式（immediate addressing）：単にレジスタの値を増減させる命令のように，主記憶装置のアドレスを使用しない方式をいう．

　直接アドレス指定方式（direct addressing）：命令のアドレス部が主記憶装置の絶対アドレスを直接指定する方式をいう．

　間接アドレス指定方式（indirect addressing）：命令のアドレス部が指定した主記憶装置のアドレスに置かれているアドレス情報が，さらに指定するアドレスに置かれているデータが処理対象となる．

　指標アドレス指定方式（index addressing）：命令のアドレス部がレジスタ指定部と定数部になっていて，そのレジスタ指定部が指定した指標（インデックス）レジスタの内容と定数部の値を加算して主記憶装置のアドレスを指定する．この方式は指標レジスタの数値を簡単に増減できるので，定数部が指定したアドレス値からある範囲のデータをブロック転送する場合などに都合がよい．

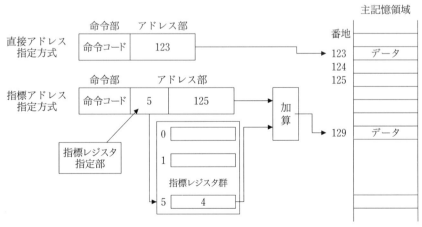

図5.3　直接アドレス指定と指標アドレス指定

相対アドレス指定方式（relative addressing）：命令のアドレス部の値をプログラムカウンタの値と加算して，その加算結果の値が主記憶装置のアドレスとなる．

基底アドレス指定方式（base addressing）：命令のアドレス部とベースレジスタの値を加算して主記憶装置のアドレスを指定する．

5.5　命令サイクルと制御

CPU のデータ処理は，主記憶装置から命令を読み出す**命令読み出しサイクル**（fetch cycle）と，その命令を解読して実行する**命令実行サイクル**（execution cycle）という2つのサイクルに大別できる（図5.4(a)）．これを命令サイクルという．大別された2つのサイクルは，もう少し細かく見ると，図5.4(b)に示したように6つの動作があることがわかる．これらの動作は**クロック**と呼

命令読出しサイクル	命令実行サイクル

(a)　命令のサイクル（2ステップ表示）

IF	D	A	OF	E	S

　　　IF：Instruction Fetch（命令読出し）
　　　D：Decode（命令解読）
　　　A：Address（アドレス計算）
　　　OF：Operand Fetch（オペランドの読出し）
　　　E：Execution（命令の実行）
　　　S：Store（結果の格納）

(b)　命令のサイクル（6ステップ表示）

図5.4　命令サイクル

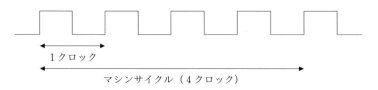

1クロック

マシンサイクル（4クロック）

図5.5　クロック・パルスとマシンサイクル

ばれる同期信号によって順次実行される．なお，各動作の区切は演算器やレジスタに対して1回の演算やデータ転送であり，通常1クロック〜数クロックを要する．この区切を**マシンサイクル**（machine cycle）という．図5.5にそのクロックパルス（clock pulse）とマシンサイクルを示している．

【計算例5.1】 クロック周波数が500 MHzで動作しているCPUの1クロック時間は，次のような計算になる．

$$1/(500 \times 10^6) = 0.002 \times 10^{-6}（秒）= 2 \times 10^{-9}（秒）= 2 ナノ秒$$

問題5.1 クロック周波数が1 GHzで動作しているCPUの1クロック時間を計算せよ．

CPUの実行モードには，システムのあらゆる操作ができる**スーパバイザーモード**（supervisor mode）とユーザプログラムを対象とする**プロブレムモード**があり，通常のユーザプログラムを実行している状態ではプロブレムモードで実行している．ユーザプログラムからファイルの操作命令などが実行されると，SVC命令（supervisor call）が実行されてスーパバイザモードに制御が移る．なお，スーパバイザモードはカーネルモード（carnal mode），プロブレムモードはユーザモードとも呼ばれる．

問題5.2 6ステージで命令の実行制御が行われる処理装置の場合，最後の2ステージは順に"命令の実行"と"演算結果の格納"である．最初の4ステージの処理a〜dを，実行順に並べたものはどれか（2種既出）．

a オペランドのアドレス計算
b オペランドフェッチ
c デコード
d 命令フェッチ

ア a→b→c→d　イ a→c→b→d　ウ b→a→d→c
エ c→d→a→b　オ d→c→a→b

5.6　逐次制御とパイプライン制御

　図5.6に示しているように**逐次制御**（sequential control）は，命令読み出しサイクルが終了してから命令実行サイクルを実行する．これが終了すると次の命令の読み出しサイクルに移り，読み出しが終了するとその命令の実行サイクルになるというように，命令サイクル単位で逐次実行する．

　先回り制御（advanced control）は，1つ前の命令が命令実行サイクルにあるとき，先回りして次の命令の読み出しサイクルを同時に実行する．

　パイプライン制御（pipeline control）は図5.7に示しているように，先回り制御をさらに細分化（IF：命令読み出し，D：命令解読，A：データアドレスの計算，OF：データ読み出し，E：命令実行（加算など），S：演算結果を格納）して複数の命令（図では6命令）を同時に実行するもので，CPU の処

命令読出し	命令実行

(a)　逐次制御

命令読出し	命令実行	
	命令読出し	命令実行

(b)　先回り制御

図5.6　逐次制御と先回り制御

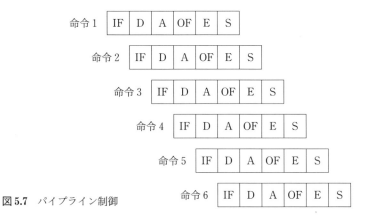

図5.7　パイプライン制御

理をより高速化できる．パイプライン制御は，同じような命令の繰り返しなら
ば，命令が流れ作業のように順調に処理されるが，ジャンプ命令などがあると
処理の流れが乱されて，パイプライン方式の良さが発揮できない．つまり，条
件付分岐命令の場合は，命令の実行結果によって次に実行する命令が決まるた
め，その実行が終了して準備が整うまでインタロック（interlock）をしなけ
ればならない．そのため，できるだけ処理がスムースになるように，コンパイ
ルする時点で最適化が行われる．パイプライン方式は後述する MISD（Multi-
ple Instruction Single Data stream）に分類され，最初スーパーコンピュータ
で採用された方式で行列式やベクトルの計算に威力を発揮する．

問題 5.3 パイプラインシステムに関する説明として，正しいものはどれか
（1種既出）．

　　ア　パイプラインシステムは，SISD（Single Instruction Single
　　　　Data stream）方式に対応する．

　　イ　パイプラインシステムは，共通の制御装置からの1つの命令に
　　　　よって，多数のプロセッシングエレメントが，それぞれのデー
　　　　タを使用して同一タイミングで同一処理を実行する．

　　ウ　パイプラインシステムは，ベクトル演算や編微分方程式の演算
　　　　には不向きな方式である．

　　エ　パイプラインシステムは，ベルトコンベアに乗って流れる製品
　　　　が次々と連続的に完成するのと似て，演算回路群の中で多段階
　　　　に分けて処理された結果が連続的に得られる．

　　オ　パイプラインシステムは，マイクロプロセッサで初めて採用さ
　　　　れ，スーパーコンピュータやアレイプロセッサなどで使用され
　　　　るようになった．

5.7　割込み制御

　逐次制御もパイプライン制御も基本的にはプログラムの各命令を順序よく実
行している．つまり命令サイクルを連続的に実行している．この連続実行状態
を電源異常やプログラムの原因などで中断させることを**割込み**（interrupt）

という．その割込みには優先順位があり，低い順位の割込み処理の途中で上位の割込み処理がなされる場合もある．これを**多重割込み**という．次に割込みの原因として一般に知られている 5 種類の割込みを優先順位にしたがって簡単に説明する．

　　1 位─**機械割込み**：装置の異常や電源異常などによる割込み．

　　2 位─**外部割込み**：システム管理者などが強制的に割込む場合や CPU にタイマが設定されている場合などは，時間切れで割込みが発生する．

　　3 位─**SVC 割込み**：ユーザプログラムが SVC 命令を出してスーパーバイザモードに移り，ファイル処理をする場合など．

　　4 位─**プログラム割込み**：ユーザプログラムの処理エラー等による割込み．

　　5 位─**入出力割込み**：入出力装置などの動作終了信号などによる割込み．

問題 5.4　プログラム割込みの原因となり得るものはどれか（2 種既出）．

　　ア　入出力動作が終了した．

　　イ　ハードウエアが故障した．

　　ウ　プログラムで演算結果があふれた（オーバフローした）．

　　エ　プログラムの実行時間が設定時間を超過した．

問題 5.5　割込みに関して，正しい記述はどれか（2 種既出）．

　　ア　タイマ割込みは，内部割込みの一種である．

　　イ　入出力割込みは，制御装置と入出力装置を並列動作させるために使用される．

　　ウ　割込みが発生すると，次の割込みまで，制御装置は停止する．

　　エ　割込みは，実行順序を強制的に変更する分岐命令である．

　　オ　割込みは，ハードウエアによって発生するので，ソフトウエアで発生させることはできない．

問題 5.6　割込みに関する記述のうち，正しいものはどれか（1 種既出）．

　　ア　割込み処理が，更に割り込まれることはない．

　　イ　割込み処理は，先に発生した割込みから順番に行われる．

　　ウ　割込みは禁止することができる．

　　エ　割込みは，入出力の終了を知らせるためにだけ使用する．

　　オ　割込みを明示的に発生させるための命令はない．

5.8 CISC と RISC

● CISC ●

CISC (Complex Instruction Set Computer) を一言で表現するには，英文を直訳するとわかりやすい．つまり，複雑な処理命令群をひとまとめにして，処理チップ化したもの，ということができる．CPU に最も近い機械語命令（転送，シフト，回転，加算，…）も，実はもっとレベルの低いさらに小さな電子回路操作命令でできている．これらの命令を一般にマイクロ命令と呼んでいる．このマイクロ命令をひとまとめにして，ある機能を持たせたプログラムをマイクロプログラムという．このマイクロプログラムを VLSI 化した領域を CPU 内において制御回路として使用する．これはプログラム（ソフトウエア）を電子回路化（ハードウエア化）したもので，**ファームウエア**（firmware）という．

CISC はこのマイクロプログラム制御方式によるもので，いくつものマイクロプログラムを用意して制御論理を実現するので，設計は比較的容易になるが，処理速度の基本となるクロックの超高速化が要求される．この方式はプログラム内蔵方式のコンピュータの発展とともに高度化して現在に至っているが，コンピュータシステムの高性能化とともに命令体系が極めて複雑になって，処理速度に問題が指摘されるようになった．

● RISC ●

そこで使用頻度の高い命令を論理回路で実現するワイヤドロジック（wired logic）方式の CPU が使用されるようになってきた．これは RISC （Reduced Instruction Set Computer）と呼ばれるもので，現在ワークステーションと呼ばれる設計業務用のコンピュータで使用されている．

RISC も英文を直訳するとわかりやすい．つまり，命令数を減少したコンピュータで，使用頻度の高い命令を電子論理回路結線で実現したもの，ということができる．高機能命令はなく，少ない単純な命令を使用することで，1命令サイクル＝1クロックを基本として高速処理を実現している．ただし，これを実現するためにはコンパイラの最適化技術が非常に重要で，それがプログラムの実行速度に与える影響は，CISC より大きい．メモリ間のデータ転送に関す

る命令は，単にロードとストアの 2 命令だけであるなど，命令の種類と数は少ない．それはプログラムサイズが CISC に比べて大きいことを意味する．

問題 5.7　RISC に関する記述のうち，正しいものを 2 つ選べ（1 種既出）.
　　　ア　1 命令を実行するのに必要なマシンサイクル数は，CISC より大きくなる傾向がある.
　　　イ　コンパイラの最適化技術がプログラムの実行速度に与える影響は，CISC より大きい.
　　　ウ　ハードウエアの構造や制御が CISC と比べて単純である.
　　　エ　プログラムサイズは CISC に比べて小さくなる傾向がある.
　　　オ　メモリ間のデータ転送に関する命令が多数ある.

5.9　マルチプロセッサ

　マルチプロセッサ（multi-processor）システムは，複数の CPU を採用した処理システムで，高速性と高信頼性を実現する．この方式には，図 5.8 に示したように複数の CPU が同一 OS 上で 1 つの主記憶装置を共用する**密結合マルチプロセッサ**（TCMP: Tightly Coupled Multi-Processor）と，複数の CPU がそれぞれの OS と主記憶装置を持つ**疎結合マルチプロセッサ**（LCMP: Loosely Coupled Multi-Processor）がある．

　密結合型では，基本的に各 CPU は同一の仕事をすることによって，システムの信頼性の向上を目指している．その密結合マルチプロセッサで問題となるのが，複数の CPU が主記憶装置上の同一データをアクセスしたり，更新しようとする場合である．このような不都合を避ける命令として TAS（Test And Set）命令がある.

　一方，図 5.9 に示す疎結合型では，各 CPU が OS も主記憶も独立して持っていることから，各 CPU にはそれぞれ異なる仕事を分担させ，各 CPU 間のデータのやり取りを，チャネル，入出力バス，入出力ポートなどを介して行うなどできるので，処理能力を著しく向上させることができる．ただ，CPU を増やせば増やすほど高速になるかといえば，そのようなことは期待できない．つまり複数の CPU を搭載したシステムでも，あるデータを処理する場合，基

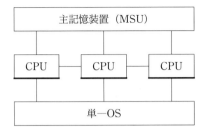

図5.8 密結合マルチプロセッサシステム

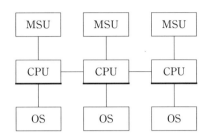

図5.9 疎結合マルチプロセッサシステム

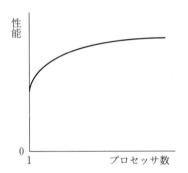

図5.10 マルチプロセッサシステムにおけるプロセッサ数と性能の関係

本的には1つのCPUが担当するという逐次処理になる要素があるということである.

図5.10はマルチプロセッサシステムにおけるプロセッサ数の増加と性能の関係を示している.マルチプロセッサシステムは,複数命令複数データ(MIMD)の形式となっている.

●アレイプロセッサ●

アレイプロセッサ(array processor)は,多数のプロセッサを並列に並べて行列計算を一気に実施する.処理は,単一命令複数データ処理(SIMD)の形式となっている.気象や流体力学などの大規模の行列計算を扱う科学技術計算に威力を発揮する.

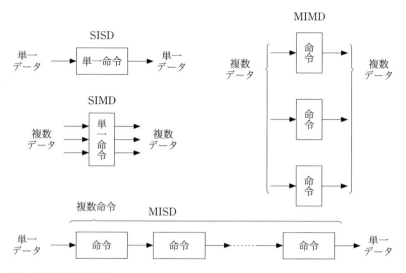

図5.11　SISD, SIMD, MISD, MIMD

●命令とデータの流れ●

スタンフォード大学のフリン（M.J.Flynn）は，命令とデータの流れに着目して，コンピュータをSISD, SIMD, MISD, MIMDの4つに分類した．図5.11はこれを示している．

SISD（Single Instruction Single Data）：単一命令単一データの処理形式，通常の逐次処理形式

SIMD（Single Instruction Multiple Data）：単一命令複数データの処理形式，並列処理システムの形式

MISD（Multiple Instruction Single Data）：複数命令単一データの処理形式，パイプライン制御の形式

MIMD（Multiple Instruction Multiple Data）：複数命令複数データの処理形式，マルチプロセッサの形式

問題5.8　マルチプロセッサ方式を用いた並列処理を行うとき，使用するプロセッサの数と期待できる性能（処理時間の逆数）の一般的な関係を表すグラフはどれか（1種既出）．

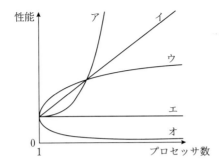

ここで対象とする処理は，データ入力→処理→結果処理，を行う一
般的なデータ処理を想定する．また，データ入力と結果出力はそれ
ぞれ1つのプロセッサが担当するものとする．

問題5.9 プロセッサにおけるパイプライン処理方式に関する説明として，正
しいものはどれか（1種既出）.

　　ア　単一の命令を基に，複数データに対して複数のプロセッサが同
　　　　期をとりながら並列的にそれぞれのデータを処理する方式

　　イ　1つのプロセッサにおいて，単一命令に対する実行時間をでき
　　　　るだけ短くする方式

　　ウ　1つのプロセッサにおいて，複数の命令を少しずつ段階をずら
　　　　しながら同時実行する方式

　　エ　複数のプロセッサが，それぞれ独自の命令を基に複数のデータ
　　　　を処理する方式

問題5.10 複数プロセッサによるシステム構成に関する記述のうち，正しいも
のはどれか（1種既出）.

　　ア　コプロセッサ方式は，CPUの機能を拡張する複数の付加プロ
　　　　セッサが同じ命令を実行して，その結果を多数決回路で判定す
　　　　る方式である.

　　イ　疎結合マルチプロセッサ方式は，2つ以上のプロセッサがそれ
　　　　ぞれ独立した主記憶を備え，プロセッサ間の通信は高速バスま
　　　　たは通信リンクで行う方式である.

　　ウ　多重化システム方式は，必要なオペランド（演算データ）がそ
　　　　ろっている命令を，空いているプロセッサに転送して実行させ

る方式である．

エ　蜜結合マルチプロセッサ方式は，浮動小数点演算プロセッサに
　　代表されるように，CPU の機能を拡張する付加プロセッサを，
　　共通バスで結合した方式である．

（コプロセッサというのは，CPU を補完する数値演算プロセッサな
どをいう）

第 6 章

主記憶装置

6.1 アクセス・タイムと記憶容量の計算

CPU から読み出し（書き込み）命令が出されて，読み（書き）が終了する
までの時間を**アクセス・タイム**（access time）とかアクセス時間という．そ
して，次の読み込み（書き込み）ができるようになるまでの時間を**サイクル・
タイム**（cycle time）という．今日の主記憶装置のアクセス・タイムは数ナノ
秒から遅くても数十ナノ秒で，非常に高速になっている．次に時間の単位を示
す．

1×10^{-3} 秒 $= 1$ ミリ秒 $= 1 \, \text{ms}$

1×10^{-6} 秒 $= 1$ マイクロ秒 $= 1 \, \mu\text{s}$

1×10^{-9} 秒 $= 1$ ナノ秒 $= 1 \, \text{ns}$

1×10^{-12} 秒 $= 1$ ピコ秒 $= 1 \, \text{ps}$

パソコンの主記憶装置の記憶容量は，64 MB から 512 MB 程度が一般的で，
キャッシュ・メモリの記憶容量が数十 KB から数百 KB，ハードディスク装置
の記憶容量が数 GB から数十 GB 程度が一般的となっている．

1 バイト $= 8$ ビット

1 キロバイト（KB）$= 2^{10}$ バイト $= 1024$ バイト

1 メガバイト（MB）$= 2^{20}$ バイト $= 1024 \times 1024$ バイト

1 ギガバイト（GB）$= 2^{30}$ バイト $= 1024 \times 1024 \times 1024$ バイト

1 テラバイト（TB）$= 2^{40}$ バイト $= 1024 \times 1024 \times 1024 \times 1024$ バイト

【計算例 6.1】 2^{24} バイトは何メガバイトか計算せよ．

2^{24} バイト $= 2^4$ バイト $\times 2^{20}$ バイト $= 2^4$ メガバイト $= 16 \, (\text{MB})$

問題 6.1　ビットとバイトについて簡単に説明せよ.

問題 6.2　64 ビットは何バイトか.

問題 6.3　2^{33} バイトは何ギガバイトか.

6.2　基本トランジスタ回路

　図 6.1 は**バイポーラトランジスタ**の電子回路記号(a)とそれによる最も簡単な NOT 回路(b)を示している.バイポーラトランジスタの電子回路記号はベース,エミッタ,コレクタの 3 端子である.バイポーラトランジスタはベース電流 I_B を増幅してコレクタ電流 I_c となる.その関係は能動領域で,概ね $I_c = \beta \cdot I_B$ となる(β:直流電流増幅率で 100〜1000 のものが多い).コレクタ電圧 V_c は $V_c = V_{cc} - I_c \cdot R_c$ で与えられるので,ベースに論理値 0 に対応する 0 V の電圧が印加されている状態では,$I_B = 0$ となり $V_c = V_{cc}$(論理値 1)となる.一方,ベースに論理値 1 に対応する電圧が印加されるとベース電流が流れるので,V_c が降下する.このとき $V_{cc} < I_c \cdot R_c$ となるように設計しておくと,$V_c = 0$ V となる.つまり入力と出力の論理値は反転する.この回路がバイポーラトランジスタ回路の基本となっている.

　図 6.2 は **MOS**(Metal Oxide Semiconductor)**トランジスタ**の電子回路記号(a)とそれによる NOT 回路(b)である.上側の MOS トランジスタは,図 6.1 のコレクタ負荷抵抗 R_c の役目をしている.MOS トランジスタは多数キャリヤのみを利用するので,ユニポーラトランジスタである.電子回路記号ではゲート,ソース,ドレインの 3 端子である.MOS トランジスタは基本的に電圧増幅素子であることから,ゲートに電圧を印加してもゲート電流は流れない.この回路はゲートに電圧を印加しないと,トランジスタは遮断状態となり,そのコレクタ電圧は V_{cc}(論理値 1)となる.一方,ゲート電圧を印加するとトランジスタが導通状態になり,コレクタ電圧は 0 V(論理値 0)になる.

　図 6.3 は **CMOS**(Complementary MOS)**回路**で,p 型 MOS と n 型 MOS の特性を利用して理想状態では電力消費がない.つまり,ゲート電圧が 0 V では,p 型 MOS が導通,n 型 MOS が遮断となって,出力端子は V_{DD} となる.一方,ゲート電圧が論理値 1 の電圧になると,p 型 MOS が遮断,n 型 MOS が導通となって,出力端子は 0 V となる.一般に MOS トランジスタに

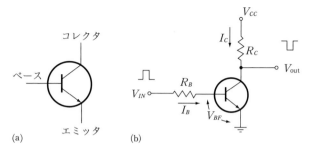

図 **6.1** トランジスタの記号と NOT 回路

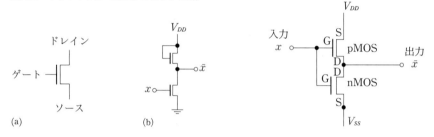

図 **6.2** MOS トランジスタの記号と NOT 回路 　　図 **6.3** CMOS インバータ

よる回路はバイポーラトランジスタによる回路に比較すると，やや動作速度は遅いが電力消費がきわめて少ないので，大きな集積度の電子回路を構成することができる．

問題 6.4 半導体は，素子の動作，構造，プロセス（製造技術），設計手法などによって，異なる特徴を持っている．ある半導体は，素子の動作は比較的遅いが，集積度を高めることができるため，プロセッサや周辺の回路全体を 1 個のチップに搭載した大規模 LSI に広く使用されている．このような大規模 LSI は，同じ回路を複数のチップで構成した場合に比べ，チップ間の信号の受渡し時間を短縮することができるので高速化が可能となる．このような特徴を持った半導体は，何と呼ばれるか．解答群の中から選べ（1 種既出）．

【解答群】

ア　CMOS　　　　　イ　DRAM　　　　　ウ　ゲートウェイ

エ　バイポーラ　　　　オ　フラッシュメモリ

6.3　記憶セル

　記憶セルは1ビットの記憶回路で構成される．回路形式は**スタティック MOS 型記憶セル**と**ダイナミック MOS 型記憶セル**があり，その具体例を図6.4に示している．

　スタティック型はフリップフロップと呼ばれる二安定回路が基本となっている．したがって，記憶状態は時間とともに忘れるということもなく，また制御も簡単である．そのようなことで小さい制御システムなどでよく使用されている．ただ，使用する半導体素子が多く，ダイナミック型に比べて集積度が小さい．

　一方のダイナミック型記憶セルは，MOS トランジスタ1個とその浮遊容量で構成するので集積度を大きくとることができる．しかし，キャパシタに蓄積された情報は徐々に漏れ電流として電荷が失われて，記憶を忘れるという状態になる．これを防ぐために一定時間ごとに再書き込みをしなければならない．これを**リフレッシュ**（refresh）という．したがって，この種のセルを使用したメモリは制御がやや複雑になる．

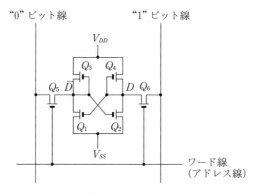

(a)　スタティック記憶セル

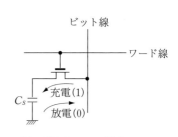

(b)　ダイナミック記憶セル

図 6.4　スタティック記憶セルとダイナミック記憶セル

6.4 RAM と ROM

● RAM ●

RAM (Random Access Memory) は, 任意に書き込みと読み出しが可能な
メモリである. この RAM にはスタティック型記憶セルによる **SRAM**
(Static RAM) とダイナミック記憶セルによる **DRAM** (Dynamic RAM) が
ある.

SRAM は DRAM に比較して, 集積度が低く消費電力も大きいが, SRAM
は制御も比較的簡単であって, 超高速が得られる. とくにバイポーラ形 RAM
は超高速性を生かして, レジスタやキャッシュメモリに使用されている.

一方, DRAM は集積度がきわめて高く, 高速性も十分満足できる状況にな
り, 消費電力も小さいことから現在一般のコンピュータの主記憶装置として広
く採用されている. なお, RAM に記憶されている情報は, 電源を切断すると
全部消えてしまう. これをメモリの**揮発性** (volatile) という.

● ROM ●

ROM (Read Only Memory) は, 読み出し専用のメモリで, ROM に記憶
されている情報は, 電源を切断しても消失しない. これをメモリの**不揮発性**
(non-volatile) という. ROM には製造時に情報を書き込み, 製造後ユーザが
内容の変更ができない**マスク ROM** (mask ROM) と製造後にユーザが ROM
の外部から情報を書き込むことのできる **PROM** (programmable ROM) があ
る. この PROM は紫外線を照射して記憶内容を消去して再書き込みが可能な
EPROM (Erasable PROM) と電気的に消去・再書き込み可能な EEPROM
(Electric Erasable PROM) がある. とくに電気的に一括消去・再書き込み可
能な読み出しメモリは, フラッシュメモリ (flash memory) と呼ばれ, スマ
ートメモリなどの名称で民生機器のメモリカードとして広く使用されている.

表 6.1 は半導体メモリの種類と特徴を表している. パソコンでの主記憶装置
は, 数個のメモリ IC を 1 枚のプリント基板に実装して実現している. 従来は
62 ピンの SIMM (Single In-line Memory Module) を 2 枚単位で使用してい
たが, 最近 (1999 年) では 168 ピンで 64 ビット幅のデータ・バスの DIMM
(Dual In-line Memory Module) が広く使用されている. DIMM は 1 枚単位

表6.1　半導体メモリ

RAM	SRAM		バイポーラ型	高速 小容量 消費電力大	キャッシュメモリ
			MOS型	中速 中容量 消費電力小	主記憶装置
	DRAM		MOS型	中速 大容量 消費電力小	
ROM	マスクROM		ほとんど MOS型	製造後，内容の 変更不可	ファームウェアとして，制御プログラムや主メモリの一部として使用される
	PROM	EPROM		電気的書込み， 紫外線消去	
		EEPROM		電気的 書込み・消去	

で使用し，その DIMM 1枚の記憶容量は 64 MB，128 MB，256 MB のものが，現在一般的となっている．その DIMM を構成する DRAM は SDRAM (Synchronous DRAM) や RDRAM（Rambus 社準拠 DRAM）などの高速動作可能（100 Mz〜数百 Mz）なものが普及している．

問題6.5　DRAM と SRAM を比較して，解答群から適当な字句を選んで次の表を完成せよ．

	集積度	速度	消費電力	特徴
DRAM				
SRAM				

【解答群】

高い　　安い　　低い　　速い　　遅い　　大きい　　小さい

長い　　短い　　親和性　　有効性　　揮発性　　不揮発性

問題6.6　半導体記憶素子に関する記述のうち，正しいものはどれか（1種既出）．

ア　DRAM は，フリップフロップで構成されており，一度書き込んだデータは電源を切るまで保持される．

イ　PROM は，不揮発性で読取り専用メモリである．IPL などの変更するする必要のないプログラムを格納するために用いられる．工場出荷時にメモリの内容は書き込まれており，ユーザは内容を変更できない．

ウ　SRAM は，トランジスタとそれに付随するキャパシタからなる．データはこのキャパシタに電荷として蓄えられる．電荷は時間の経過とともに放電され消失するので，定期的に再書込み（リフレッシュ）を行いデータを保持する必要がある．

エ　バイポーラ形 RAM は，記憶素子としては比較的集積度が低く消費電力が大きいが，高速性を生かしてレジスタやキャッシュメモリに利用される．

オ　マスク ROM は，工場出荷時にはメモリの内容は書きこまれておらず，ユーザがその内容を書き込むことができる．一度だけ書込みができるものと，データを消して再書込みできるものとがある．

6.5　主記憶装置の高速化

●メモリインタリーブ●

　主記憶装置を構成している DRAM は，CPU の処理時間に比べて低速である．この低速性を改善するためにメモリインタリーブ（interleave）が採用さ

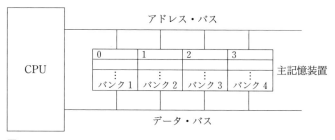

図 6.5　4 ウェイメモリインタリーブ

 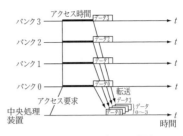

(a) メモリインタリーブをしない場合　　(b) メモリインタリーブをする場合

図6.6　メモリインタリーブによるアクセス時間の改善

れている．これは主記憶装置の記憶空間を**バンク**（bank）と呼ばれるいくつかのグループに分割する．そして，このバンクにアドレスバスとデータバスを個別に与えて時間的にオーバラップしたアクセスを可能にする．

　図6.5はバンク数が4の例で，0番地，1番地，2番地，3番地の各バンクは同時にアクセスされる．これを4ウエイ・インタリーブという．図6.6はインタリーブのアクセス時間の改善を示している．

●キャッシュ・メモリ●

　キャッシュ・メモリ（cache memory）は，高速バッファとも呼ばれ，これも主記憶装置の低速性を改善するために採用されている．CPUからキャッシュ・メモリに必要な情報を読み出すためにアクセスしたとき，その情報がキャッシュ・メモリに見つからない確率を **NFP**（Not Found Probability）という．逆に見つかる確率は，ヒット率 h と呼ばれ，$h = 1 - \text{NFP}$ の関係にある．

　次にキャッシュ・メモリを採用した場合の実効読出し時間を計算する．いま，

　　　主記憶装置のアクセス時間 $= 50 \times 10^{-9}$（秒）$= 50$ ns（ナノ秒）

　　　キャッシュ・メモリのアクセス時間 $= 10$ ns

　　　$\text{NFP} = 0.1$

とすると，キャッシュ・メモリに目的の情報がなく，主記憶装置から読み出さなければならない時間 t_1 は

　　　$t_1 = 50 \times 0.1 = 5$ ns

となる．一方，キャッシュ・メモリに目的の情報があり，それを読み出すのに

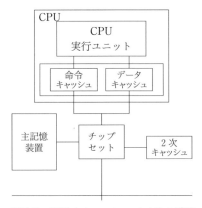

図 6.7 CPU とキャッシュメモリの周辺

要する時間 t_2 は

$$t_2 = 10 \times 0.9 = 9\,\mathrm{ns}$$

となる．よって，実効読み出し時間 t は

$$t = t_1 + t_2 = 14\,\mathrm{ns}$$

となる．したがって，実効読み出し時間はキャッシュ・メモリがないときに比較して，$((50 - 14)/50) \cdot 100 = 62\,\%$改善されたことになる．

　図 6.7 はパソコンで採用されている実際のキャッシュ・メモリの周辺を示している．Intel 社の Pentium と呼ばれる CPU では，CPU 内に 1 次キャッシュを持ち，外部に 2 次キャッシュをおいて使用する．ところで CPU がデータ書き込み命令を実行すると，キャッシュに書き込みを行うが，最終的には主記憶装置へも書き込む．その方式に**ライトスルー**（write through）と**ライトバック**（write back）がある．

　ライトスルーは CPU の書き込み命令で，キャッシュ・メモリと主記憶装置へ同時に書き込む．一方，ライトバックは CPU の書き込み命令で，まずキャッシュ・メモリのみに書き込む．そして，キャッシュ・メモリの当該データ領域（これをラインという）を主記憶装置へ置換する際にまとめて書き込まれる．一般にライトバックの方がアクセス頻度が少ないのでよいとされているが，ヒットミスの場合に処理に時間がかかる．そこで，現実の CPU では両方式を選択できるようになっているものもある．図 6.8 にライトスルーとライトバックを示している．

(a)　ライトスルー

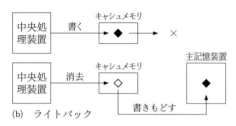

(b)　ライトバック

図6.8　ライトスルーとライトバック

問題6.7　キャッシュメモリを採用する理由は，どれに該当するか答えよ．

　　　ア　メモリ容量を増加させる．

　　　イ　主記憶装置が故障した場合に備える．

　　　ウ　主記憶装置の低速性を改善する．

問題6.8　実効読み出し時間を計算して，キャッシュメモリを採用しない場合に比べて実効読み出し時間が何％改善されたか計算せよ．ただし，主記憶装置のアクセス時間 $= 50 \times 10^{-9}$（秒），キャッシュ・メモリのアクセス時間 $= 10$（ナノ秒），NFP $= 0.1$ とする．

問題6.9　CPUの書き込み命令で，キャッシュ・メモリと主記憶装置へ同時に書き込むのは，次のどれか答えよ．

　　　ア　ライトスルー方式　　　　イ　ライトバック方式

問題6.10　コンピュータシステムの性能を向上させる方法のうち，主記憶装置からのデータの実効的な読出し速度を向上させるのはどれか（1種既出）．

　　　ア　仮想記憶　　　　　　　　イ　パイプライン

　　　ウ　マルチプログラミング　　エ　メモリインタリーブ

第7章

補助記憶装置

7.1 磁気ディスク装置

　磁気ディスク装置は**ハードディスク**（HD：Hard Disk）装置といい，直接アクセス記憶装置（DASD：Direct Access Storage Device）の一種で，任意の記憶番地にアクセスできるファイル編成や仮想記憶システムを実現するために使用される．構造は図 7.1 示したようにアルミニウムやガラス材の回転円盤，

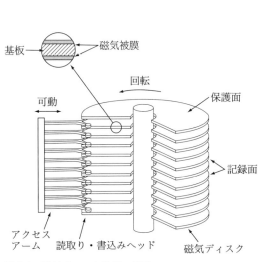

図 7.1　磁気ディスク装置の構造

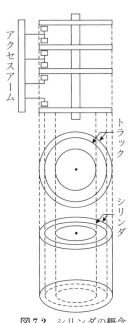

図 7.2　シリンダの概念

磁気ヘッドを先端に付けた可動アームや電子回路などで構成されている．

　回転円盤の両面には磁性体が塗布されていて，情報を磁気的に書き込むためのトラックがあり，トラックはトラック0から番号が付けられている．そのトラックは512バイトのセクタに分割されている．パソコン用ハードディスクでは，回転円盤の直径が3.5インチのものが一般的で，1面に5000〜10000のトラックがり，セクタ数は1トラック当たり100〜300である．この回転円盤は，一般に複数枚あって，同一のトラック番号が円筒形に並ぶように考えられるので，これをシリンダ（cylinder）という（図7.2）．したがって，ここでいうこのトラックの数こそがそのシリンダ数である．一方，シリンダ当たりのトラック数というのは，円盤が10枚あって，両面にトラックが形成されているとすれば，20トラック/シリンダとなる．

【計算例7.1】　記憶容量の計算

両面が使用できる回転円盤1枚のハードディスクの記憶容量を計算せよ．ただし，1セクタ：512バイト，セクタ数：256，シリンダ数：5000，トラック数/シリンダ：2とする．

$$512 \times 256 \times 5000 \times 2 = 1250\,\text{M バイト} = 1.22\,\text{G バイト}$$

　図7.3にシーク時間，サーチ時間（回転待ち時間），データ転送時間について示している．

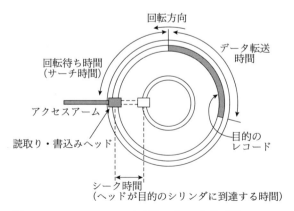

図7.3　シーク時間，サーチ時間，データ転送時間

(1) 平均シーク時間

アクセスアームを移動して先端の磁気ヘッドが目的の位置（シリンダ）まで移動するのに要する時間を**シーク時間**（seek time）といい，その平均値を平均シーク時間という．数ミリ秒が一般的な値となっている．

(2) 平均回転待ち時間

半回転時間を平均回転待ち時間とする．パソコン用ハードディスクでは1分間に5000回転〜10000回転しているので，平均回転待ち時間は数ミリ秒が一般的な値となっている．

(3) データ転送時間

データの部分のみを転送する時間で，1回転時間のうち，データの部分がしめる時間

(4) 位置決め時間

磁気ヘッドが目的のシリンダのデータの先頭位置（セクタ）に到達するまでの時間であるから，平均シーク時間＋平均回転待ち時間で与えられる．

【計算例7.2】 平均回転待ち時間の計算

ディスクが3000回転/分で回転している．平均回転待ち時間を計算せよ．

　　60（秒）÷ 3000（回転/分）÷ 2 ＝ 0.01秒 ＝ 10ミリ秒

【計算例7.3】 データ転送時間の計算

データ転送速度＝500000バイト/秒のとき，1ブロックが2000バイトのデータを転送するのに要する時間を計算せよ．

　　2000バイト ÷ 500000バイト/秒 － 0.004秒 － 4ミリ秒

【計算例7.4】 データ転送時間の計算

ディスクが3000回転/分で回転している．1トラックのバイト数が10000バイトである．1ブロック2000バイトのデータを転送するのに要する時間を計算せよ．

　　（60 ÷ 3000）×（2000 ÷ 10000）＝ 0.004秒 ＝ 4ミリ秒

【計算例7.5】 必要なシリンダ数の計算

レコード長が500バイトのデータを1万件記憶するのに要するシリンダ数を計算せよ．ただし，ブロック化計数を6，ブロック間隔を135バイト，1トラックの有効記憶容量を13000バイト，1シリンダあたりのトラック数を19とする．

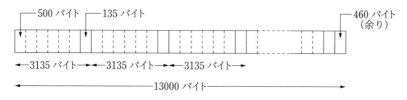

図7.4　ブロック化係数 $n=6$ の 1 トラック

　6 個のレコードを 1 つのブロックとして，そのブロックと次のブロックの間に 135 バイトのブロック間隔をおくということから，円形の 1 つのトラックを帯状の平面で表すと図 7.4 になる．したがって，この 1 トラックには

$$13000 \div (500 \times 6 + 135) = 4.14 \quad \longrightarrow \quad 4$$

から，小数部を切り捨てて，4 ブロックを記憶できる．よって，1 トラックに

$$6 \text{レコード} \times 4 \text{ブロック} = 24 \text{レコード}$$

のレコードを記憶できる．ところで，全レコード数が 1 万件であるから

$$\text{必要トラック数} = 10000 \div 24 = 416.666\cdots\cdots \quad \longrightarrow \quad 417$$

となって，小数部を切り上げて 417 トラックを得る（416 トラックでは不足）．1 シリンダ当たり 19 トラックであるから次のような計算になる．

$$\text{必要シリンダ数} = 417 \div 19 = 21.94\cdots\cdots \quad \longrightarrow \quad 22$$

21 シリンダでは不足ゆえ，小数部を切り上げて答えとして 22 シリンダを得る．

【計算例 7.6】　確保したシリンダに記憶できるレコード数の計算

ブロック化係数を 8 として記憶する 50 シリンダの領域を確保した．ここに 1 レコードが 500 バイトのレコードを最大何件記憶することができるか計算せよ．ただし，ブロック間隔を 135 バイト，1 トラックの有効記憶容量を 13000 バイト，1 シリンダあたりのトラック数を 19 とする．

$$13000 \div (500 \times 8 + 135) = 3.14 \quad \longrightarrow \quad 3$$

から，小数部を切り捨てて，3 ブロックを記憶できる．よって，1 トラックに

$$8 \text{レコード} \times 3 \text{ブロック} = 24 \text{レコード}$$

のレコードを記憶できる．ところで，

$$50 \text{シリンダの全トラック数} = 50 \times 19 = 950$$

よって，50 シリンダで記憶できる最大レコード数は，

$24 \times 950 = 22800$ レコード

となる．

【計算例 7.7】 データ転送速度の計算

ディスクが 1 分間に 3000 回転している．データ転送速度を計算せよ．ただし，1 トラックの有効記憶容量を 13000 バイトとする．

データ転送速度というのは，1 秒間に何バイトのデータを転送することができるかを計算するものである．

1 秒間の回転数 $= 3000 \div 60 = 50$ 回転/秒

ディスクが 1 回転すると，13000 バイトのデータが転送できるから次のような計算になる．

1 秒間に転送されるデータ $= 13000 \times 50 = 650000$ バイト

よって

データ転送速度 $= 650000$ バイト/秒 $= 650$ k バイト/秒

（ここでは 1000 バイト $= 1$ k バイトとした）

【計算例 7.8】 データを読み出すのに要する時間の計算

ディスクが 1 分間に 3000 回転している．1 レコードが 500 バイトのレコードをブロック化係数 20 で 1 トラックに 1 ブロック記憶している．このレコードをブロック単位でランダムに 1000 ブロック読み出すのに要する時間を計算せよ．ただし，1 トラック当たりの有効記憶容量 $= 13000$ バイト，平均シーク時間を 30 ミリ秒とする．

計算は 1 ブロックを読み出す時間を計算して，1000 倍する．

(平均シーク時間＋平均回転待ち時間 ＋ 1 ブロックの転送時間) $\times 1000$

平均シーク時間 $= 30$ ミリ秒（題意より）

平均回転待ち時間 $= 60$ 秒 $\div 3000 \div 2 = 0.01$ 秒 $= 10$ ミリ秒

1 ブロックのデータ転送時間 $= (60 \div 3000) \times (500 \times 20 \div 13000)$
$= 0.01538$ 秒 $= 15.38$ ミリ秒

以上より，1 ブロックを転送するのに要する時間は，次のようになる．

30 ミリ秒 ＋ 10 ミリ秒 ＋ 15.38 ミリ秒 $= 55.38$ ミリ秒

これを 1000 倍して次の答を得る．

答 $= 55.38$ ミリ秒 $\times 1000 = 55.38$ 秒

　かつて，大記憶容量の代表的補助記憶装置は，ビット単価の安価な磁気テープ装置が一般的であったが，今日それは姿を消して，磁気ディスク装置が主たる補助記憶装置として採用されている．そのハードディスク装置を複数接続して，記憶容量をより大きくするだけでなく，より高い信頼性を向上させたRAID (Redundant Arrays of Inexpensive Disk) というディスクアレイが普及している．なお，従来の大型磁気テープ装置は一部の汎用コンピュータシステムを除いて使用されなくなったが，パソコンサーバーシステムでは，ストリーマ（streamer）と呼ばれる小型磁気テープバックアップ装置が採用されている．ただ，パソコン用ストリーマの場合，カートリッジやカセットなど媒体にいくつかの種類があり，その記憶容量も数十Mバイト～10Gバイトなどとあるので注意を要する．

問題 7.1　次の性能を持つ磁気ディスク装置がある．この磁気ディスク装置に記録されているブロック長2000バイトのデータを読み取るのに要する平均アクセス時間は何ミリ秒か（2種既出）．

磁気ディスク装置の性能

トラック当たりの記憶容量（バイト）	20000
回転速度（回転/分）	3000
平均位置決め時間（ミリ秒）	20

　ア　30　　　イ　31　　　ウ　32　　　エ　42

問題 7.2　次の仕様の磁気ディスク装置において，1セクタ分のデータをアクセスする場合の平均アクセス時間は何ミリ秒か（2種既出）．

データ長	128バイト/セクタ
平均回転待ち時間	83ミリ秒
平均シーク時間	17ミリ秒
データ転送速度	32kバイト/秒

　ア　21　　　イ　87　　　ウ　100　　　エ　104　　　オ　140

7.2 フロッピーディスク装置

フロッピーディスク（FD：Floppy Disk）は，代表的な補助記憶装置の1つで，米国 IBM 社が 1970 年に導入したものである．JIS では，フレキシブルディスクとして規格化されている．フロッピーディスクは，floppy が意味するように磁気材料を塗布した回転円盤フィルムでできている．

記録の原理は磁気ディスク装置と同様であるが，回転数：360 回転/分，平均シーク時間：100 ミリ秒程度で非常に遅いことと，信頼性にやや不安がある．しかし，丈夫で扱いが非常に簡単で，かつ安価なことから広く愛用されている．かつては 8 インチ，5.25 インチのものも普及していたが，今日では 3.5 インチ型のものが主流となっている．

その記憶容量は，特殊な使用方法を除いて，またかつての PC-98 シリーズ（NEC）は 1.2 M バイトであったが，その後の NEC のパソコンも含めて現在では，1.44 M バイトのフォーマットが一般的となっている．Macintosh のフロッピーディスクも 1.44 M バイトであるが，そのフォーマットが異なるので，他のパソコンのもとは互換性がない．なお，技術の進歩は目覚しく，本書執筆の時点でも UHC，LS-120 など 3.5 インチサイズで 120 M バイトの記憶容量を持ったものも商品化されている．

問題 7.3　フロッピーディスクを次の仕様でフォーマットしたとき，容量は何メガバイトか（2 種既出）．

総トラック数	160
セクタ/トラック	9
セクタ長（バイト）	512

　ア　0.5　　　　イ　0.7　　　　ウ　1.2　　　　エ　1.4

問題 7.4　次のフォーマットのフロッピーディスクがある．

記憶面の数	2
1 面当たりのトラックの数	85
1 トラック当たりのセクタ数	8
1 セクタ当たりの記憶容量（バイト）	1024

このディスクに1レコードが200バイトのデータを300件記録したい．ブロック化係数＝10で記録されるとき，必要になるトラック数を計算せよ．ただし，1つのブロックは複数のセクタに記録できるが，容量に満たないセクタに他のブロックのデータは記録できない（シスアド既出）．

7.3　CD-ROMディスク装置

CD-ROM（Compact Disk-Read Only Memory）の基本は，音楽用CDであって，それをROMとして利用したものである．CD-ROMは図7.5に示したように，情報をらせん状に記録する．形状は直径120 mm，厚さ1.2 mmで，中心部に直径15 mmの回転軸のためのスピンドル・ホールがある．

その記憶容量は640 Mバイトものが一般的である．情報の電気信号にはPCM（Pulse Code Modulation）と呼ばれる変調方式（パルス符号変調）が使用されている．情報は中心部から外方向に向けて深さ120 ナノメートルのくぼみ（ピット）と平坦部（ランド）で記録され，その部分にレーザ光を当てて，その反射光の強弱を電気信号に変換して利用する．

なお，CD-ROMは線速度を一定に保って情報を読み出す．したがって，ディスクの回転は一定でなく，内周を読んでいる時は早く，外周では遅い．基本データ伝送速度は150 Kバイト/秒の一定で，回転速度が32倍速等というのは，基本データ伝送速度の32倍という事であるが，それは基本速度（最内周

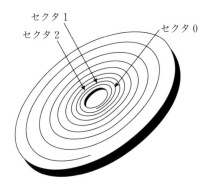

図7.5　CD-ROMはらせん状に記録（参考図書[11]）

回転速度：約530回転/分，最外周回転速度：約200回転/分）に対して32倍ということを意味している．言うまでもなく回転速度が上がるほど，データ転送速度は速くなる．なお，CD-ROMは読出し専用であるが，追記可能なCD-R（CD-Recordable）や記録媒体へ何度でも書き換え可能なCD-RW（CD-rewritable）もある．

　CD-ROMの仲間で最近関心を呼んでいるものにDVD（Digital Video Disk）がある．CD-ROMが約640 MBで74分オーディオ・データを記憶できるのに対して，DVDは2時間程度の映画を記録する規格となっているが，記憶容量は片面1層のもので4.7 GB，片面2層で8.5 GB，両面1層に記録するもので17 GBというものもある．このほかに追記録可能なDVD-R（片面3.95 GB，両面7.9 GB）や書き換え可能なDVD-RAM（片面2.6 GB，両面5.2 GB）がある．

問題 **7.5**　CD-ROMに関する記述のうち，正しいものはどれか（1種既出）．

　　　ア　書込みはできないが，アクセス速度は磁気ディスク装置と同等の性能を有する．したがって，情報の追加や更新がなく，ランダムにアクセスされるデータベースに適している．

　　　イ　各レコードは，シリンダ，トラック，セクタの3つのレベルのアドレスで管理されている．

　　　ウ　ディレクトリに関する情報を保持できないので，各ファイルに"/"や"¥"などの記号を含む長いファイル名を用いることで，階層構造を管理している．

　　　エ　データやそれを管理するプログラムなどのデジタルデータを含む領域と，音楽用CDと同様のオーディオ情報を含む領域の両方を混在させることができる．

7.4　光磁気ディスク装置

　光磁気ディスクは一般に **MO**（Magnetic Optical）と呼ばれ，書き換え可能な光ディスクで，その記憶容量は，128 MB，230 MB，640 MBなどがある．媒体のサイズは3.5インチのものが普及している．形状は3.5インチのフロッ

ピーディスクを分厚くしたようなものとなっている．

　MOへの情報の書込みは，書き込むセクタに電磁石で論理値0の方向に磁界をかけて，レーザ光でキュリー点まで加熱する．これでそのセクタの全ビットが論理値0になる．続いて論理値1の方向に磁界をかけて，論理値1をセットするビットだけにレーザ光を当てて加熱する．これで書込みが終了する．つまり，いったん消去をしてその後に書きこむという2パスで書込みを行う．MOの欠点として書込み速度の遅さが指摘されるのはこのことによる．

　情報の読み出しは，ハードディスク並みの読出し速度である．具体的には弱いレーザ光を照射する．その結果，磁化の方向によって反射光の偏向角が異なることによる反射光の強弱変化が検出される．この原理で情報を読み出す．なお，書込み技術はダイレクト・オーバライトという消去・書込みを1回で行う方法など研究開発が進行している．記憶容量についても数ギガバイトのものを視野に入れた研究が進んでいる．

問題7.6　光磁気ディスクの記憶原理に関して，正しい説明はどれか（2種既出）．

	読取り方法	書込み方法
ア	磁化の強さによるレーザ光の透過の変化を利用	レーザによる加熱
イ	磁化の強さによるレーザ光の反射の変化を利用	レーザによる加熱及び磁界の付加
ウ	磁化の方向によるレーザ光の透過の変化を利用	レーザによる加熱
エ	磁化の方向によるレーザ光の反射の変化を利用	レーザによる加熱及び磁界の付加
オ	磁化の有無によるレーザ光の透過の変化を利用	レーザによる加熱及び磁界の付加

7.5　磁気テープ装置

　直接アクセス記憶装置である磁気ディスク装置の大記憶容量化と低廉化により，磁気テープ装置が使用されることは少なくなった．磁気テープ装置は磁気テープ上に7または9のトッラクを形成して，順次アクセスファイルの形式で

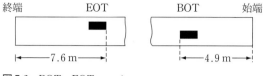

図 7.6　BOT, EOT マーク

表 7.1　記録密度

記録密度（列/mm）	記録密度（BPI）
32 列/mm	700 BPI
64 列/mm	1600 BPI
246 列/mm	6250 BPI

シーケンシャルにデータを記録する．したがって，任意の番地のデータをランダムに取り出すことや任意のレコードの変更・更新なども不可能または困難である．

　磁気テープの長さは，フルサイズが 732 m（2400 フィート），ハーフサイズが 366 m（1200 フィート）である．テープの始端と終端にはそれぞれ図 7.6 に示したように始端マーク（BOT: Beginning Of Tape）と終端マーク（EOT: End Of Tape）がテープ裏面（非記録面）に貼られている．これはアルミ箔でできており光学的に検知される．

　記録密度は 8 列/mm, 32 列/mm, 128 列/mm, 356 列/mm が JIS で規定されているが，一般には 1 インチ当たりに何ビット記録できるかという単位として BPI（Bit Per Inch）が使用される．それを表 7.1 に示している．

　テープ走行速度は，JIS において，200 cm/s 以上，つまり 1 秒間に 2 m 以上と規定されているが，実際には数 m/s の高速で走行している．

● IBG ●

　磁気テープ装置は図 7.7 に示したように，いくつかのレコードをブロックにしてブロック単位で読み書きを行う．そのとき n 個のレコードをまとめてブロックにしたものをブロック化係数が n であるという．ブロックとブロックの間は 15 mm 程度の間隔をおく，これを IBG（Inter Block Gap）とか IRG（Inter Record Gap）という．この区間はテープ走行の起動停止時間とされて

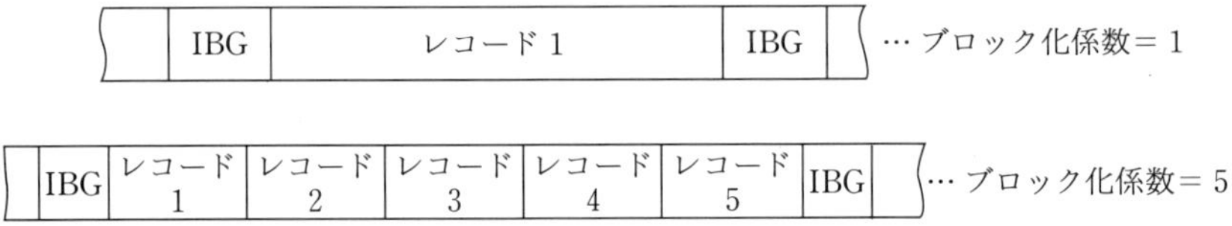

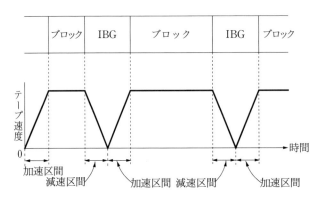

図 **7.7**　ブロック化係数

図 **7.8**　IBG と起動停止時間

いる．図 7.8 はこれを示している．

【計算例 **7.9**】　15 mm に何バイト？

もし，IBG に相当する 15 mm に記録密度 246 列/mm で記録すると，何バイトのデータを記録できるか計算せよ．

列/mm＝バイト/mm であるから次のように計算する．

$$246 \times 15 = 3690 \text{ バイト}$$

【計算例 **7.10**】　データ転送速度

記録密度：32 列/mm，テープ走行速度：3 m/s の磁気テープ装置のデータ転送速度を計算せよ．

$$32 \text{ 列/mm} \times 3000 \text{ mm/秒} = 96000 \text{ バイト/秒}$$

【計算例 **7.11**】　データ読み出し時間

12 万件のデータをブロック化係数 15 で記録している．このデータを全部読み出すのに要する時間を計算せよ．ただし，1 レコード長は 127 バイトで，磁気テープ装置の仕様は，記録密度：32 列/mm，テープ走行速度：3m/

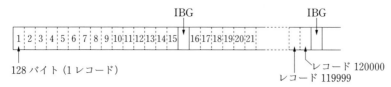

128 バイト（1 レコード）

レコード 120000
レコード 119999

図 7.9 テープの状態

s，ブロック間隔 15 mm，起動停止時間：10 ミリ秒とする．また，制御に要する時間などは無視する．

このテープの状態を図示すると図 7.9 となる．したがって全データ次のように計算される．

　　　127 × 120000 ＝ 15360000 バイト

これを読み出すのに要する時間は，データ転送速度が前例で求められいるので，それを使用して次のようになる．

　　　15360000 ÷ 96000 ＝ 160 秒

ブロック間隔の数は，12 万件をブロック化係数 15 で記録しているのであるから，次のように求められる．

　　　120000 ÷ 15 ＝ 7000 個

この 7000 個の IBG を通過するのに要する時間は，次のようになる．

　　　10 ミリ秒 × 7000 ＝ 70 秒

以上の計算より全部のデータを読み出すのに要する時間は，データ部分とIBG の部分の時間を加算して次のように求められる．

　　　160 秒 ＋ 70 秒 ＝ 240 秒

問題 7.7　次の磁気テープ装置から，1 ブロック読み込むのに必要な時間は何ミリ秒か．ここで，停止時間は必要時間に含めない（2 種既出）．

データ転送速度	320 k バイト/秒
レコード長	80 バイト
ブロック化係数	100
起動停止時間	6 ミリ秒

　ア　25　　　　イ　31　　　　ウ　250　　　　エ　253　　　　オ　256

問題 7.8　シリンダ当たりのトラック数が 21，シリンダ数が 800 の磁気ディ
スク装置がある．この磁気ディスクを，1 トラックを 20 セクタ，
1 セクタを 1024 バイトでフォーマットすると，容量は何 M バイト
となるか．
ここで，1 k バイト＝1024 バイト，1 M バイト＝1024 k バイトと
する（1 種既出）．

　　ア　313　　　イ　360　　　ウ　368　　　エ　378

問題 7.9　磁気ディスクの回転数が 1 分間に 2500 回転，1 トラック当たりの
記憶容量が 20000 バイト，平均シーク時間が 25 ミリ秒の磁気ディ
スク装置がある．この磁気ディスク装置において，1 ブロック
（5000 バイト）のデータを読み込むためのアクセス時間は何ミリ秒
か（1 種既出）．

　　ア　31　　　イ　37　　　ウ　43　　　エ　50

問題 7.10　次の媒体のうち，1 枚のディスクの記憶容量の最も大きいものはど
れか（2 種既出）．

　　ア　CD-R　　　イ　DVD-RAM　　　ウ　FD　　　エ　MO

問題 7.11　RAID（Redundant Array of Inexpensive Disks）と呼ばれる記憶
装置が広く使われるようになった．RAID には RAID 1〜5 などの
複数のタイプがある．これらのタイプは何に基づいて区別されるか
（1 種既出）．

　　ア　コンピュータ本体とのインタフェースの違いで区分したもので
ある．
　　イ　装置の記憶容量で区分したものである．
　　ウ　データと冗長ビットの記録方法と記録位置の組合せで区分した
ものである．
　　エ　保障する信頼性と MTBF の値で区分したものである．

第8章

入出力制御

8.1 直接制御方式

　直接制御方式は，図8.1に示しているような制御用マイクロプロセッサシステムなどで使用される．直接制御方式には次に述べる2つの方法がある．

● I/Oマップド I/O法●

　I/Oマップド I/O法は，入出力（I/O：Input/Output）ポートを指定するとき，入出力ポートに割り当てられたアドレスが，使用しているメモリのアドレスと重複していても，制御信号によって同時にそれらのアドレスを指定しないようにする方式である．つまり，CPUからメモリ要求信号と入出力要求信号が同時に出ないことを利用する（入出力ポート1）．

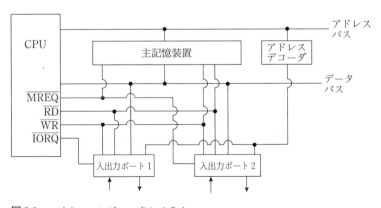

図8.1　マイクロコンピュータシステム

●メモリマップド I/O 法●

　メモリマップド I/O 法は，入出力ポートを指定するとき，入出力ポートに割り当てるアドレスをメモリ空間の一部として使用する．つまり，使用するROM や RAM とのアドレスを重複させない．したがって，CPU からの入出力要求信号は使用せず，メモリ要求信号を入出力ポートに使用する．これは入出力に際しても転送命令（LD，ST）のみを使用して，入出力命令は使用しないことを意味する（入出力ポート 2）．

8.2　DMA 制御方式

　直接制御方式では，外部機器と主記憶装置との間でデータのやり取りを実行しているとき，CPU はその入出力動作に占有される．これは大量のデータをハードディスクから転送する場合などには避けたい問題である．これを避けるために図 8.2 のように外部機器と主記憶装置の間で DMA（Direct　Memory Access）コントローラと呼ばれる専用プロセッサを用いる方法がある．この方式を DMA 制御方式という．この方式はパソコンで採用されている入出力制御の方法で，入出力命令を使用して CPU から DMA コントローラへ制御信号を出して DMA を起動する．そして，ハードディスク等からのデータの読み出しが終了すると，DMA コントローラは CPU に対して仕事が終了した旨の IRQ（Interrupt　Request）と呼ばれるハードウエア割込み信号を出す．

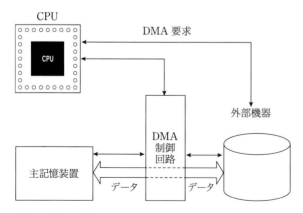

図 8.2　DMA 制御

CPU はこの間，別な作業を行うことができる．なお IRQ による割込みはハードディスク，フロッピーディスク，キーボード，マウスなどの周辺装置からの割込み信号として使用されている．

8.3 チャネル制御方式

　チャネル制御方式は，チャネル装置という一種の入出力専用コンピュータによって入出力制御を行う．チャネル装置は CPU からスタート I/O（SI/O）命令によって起動されるが，起動後は主記憶装置の特定領域に置かれたチャネルプログラムによって周辺装置を起動して CPU から独立して入出力動作を行う．入出力動作が終了すると，チャネル装置は CPU に対して割込み処理で知らせる．このようにチャネル装置は，CPU から独立して入出力を実行することができるので，CPU の負担は著しく軽減される．また，このチャネル装置には多数の周辺機器を接続できるので，強力な入出力制御装置として汎用コンピュータで採用されている．このチャネル装置を制御するプログラムには，チャネルコマンドとかチャネル指令語（CCW：Channel Command Word）と呼ばれる制御語が用いられる．

　図 8.3 にチャネル装置の動作原理を示している．図中の入出力チャネルと入出力装置は 1 個のみ示されているが，一般に 1 台のチャネル装置で多数の入出

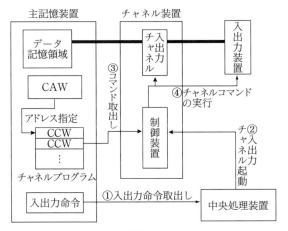

図 8.3 入出力チャネルの動作原理

力チャネルを構成できるようになっている．そのチャネル装置に接続された多
数の装置が同時平行的に入出力動作を行うために多重化という方法がとられて
いる．チャネルには多重化をしないセレクタチャネルと，多重化するバイトマ
ルチプレクサとブロックマルチプレクサがある．これらを以下に説明する．

(1)　**セレクタチャネル**（selector channel）

多重化しない方式で，あるチャネルプログラムが起動すると，そのプログラ
ムによる入出力動作が終了するまで，1個の周辺機器がチャネルを占有する．
そのために他の機器は待たされるが，占有したチャネル動作は高速転送が可能
で，連続的データ転送（バーストモード：burst mode）に適している．その
ようなことで，磁気テープ装置とのデータ転送に使用されている．

(2)　**バイトマルチプレクサチャネル**（byte multiplexer channel）

複数の周辺装置をバイト単位で多重化したもので，データ転送を1バイトご
とに制御する．したがって，プリンタなどの低速データ転送に利用されている．

(3)　**ブロックマルチプレクサチャネル**（block multiplexer channel）

複数の周辺装置をデータブロックごとに切り替えて多重化を実現している．
サブチャネルをブロックごとに切り替えることによって高速転送を実現してい
る．磁気ディスク装置の入出力制御に使用される．

8.4　パソコン用入出力インタフェース

パソコンとモデムを接続するには RS–232C ケーブルを使用する．このよう
にパソコンと周辺機器を接続する場合，いくつかの種類のケーブルや赤外線を
使用するが，表8.1 に代表的なインタフェースを示している．

表8.1　パソコン用入出力インタフェース

インタフェース	接続機器
RS–232C	モデム，ターミナルアダプタ，デジカメ等
IDE	ハードディスク，CD-ROM 等
SCSI	ハードディスク，CD-ROM，スキャナ等
セントロニクス	プリンタ
GPIB	計測機器

● RS-232C ●

RS-232C は，モデムなどを接続する場合に使用するシリアルケーブルである．一般に 25 ピンまたは 9 ピンのコネクタを使用し，そのうち 8 ピンを使用する．信号線は送信用と受信用がそれぞれ一本で，他は制御線と接地線である．一般にパソコンでは，伝送速度は最大で約 115.2 k ビット/秒となっている．これは，データ転送のクロックに 1.84372 MHz を用いて，1 ビットの転送に最低 16 のクロックが必要であるということによる．現実のモデムでは 1 ビットの転送に数十個のクロックを使用している．

【計算例 8.1】　モデムの転送速度の計算

1 ビットのデータを転送するのに 64 個のクロックを必要とするモデムがある．このモデムの転送速度を計算せよ．ただし，クロックを 1.84372 MHz とする．

$$1.84372 \text{ MHz} \div 64 = 28800 \text{ ビット/秒}$$

なお，RS-232C は 115.2 k ビット/秒が限界ということではなく，より高速のシリアルポートが要求される場合は，高速に設計された RS-232C カードを使用する．

●その他のインタフェース●

(1) **IDE** (Integrated Drive Electronics)

これはパソコンの内蔵ハードディスクを接続するために広く採用されてきたものである．IDE はケーブルの最大長が 46 cm という制限がある．したがって，もっぱら内臓ハードディスクや内臓 CD-ROM に限られる．また改良される前の IDE はハードディスクのみの接続用で，しかもその記憶容量が 528 M バイトに制限され，接続台数もマスターとスレーブの 2 台に制限されていた．現在使用されている IDE は改良型で，Enhanced IDE である．この規格では最大 2 系列で 4 台まで接続可能になっている．記憶容量に関しては，マザーボードによって 8.4 G バイトという制限を受ける場合もあるが，最近ではその制限もなくなっている．

(2) **SCSI** (Small Computer System Interface)

「スカジー」と読む．これは外付けのハードディスク，CD-ROM，CD-R，スキャナー，MO などに広く使用されている．一般に SCSI というとパラレル

のデータ転送の SCSI をいう．パラレル転送であることから，数Mビット/秒から数十Mビット/秒の高速転送を実現している．接続台数は SCSI バスが 8 ビットのもので最大 7 台，16 ビットのもので最大 15 台の装置を接続できる．

(3)　**セントロニクス**

米国の Centronics 社が自社のプリンタに採用した規格で，それが世界標準になった．現在ではこれを改良した IEEE 1284 規格をセントロニクスと呼んでいる．

(4)　**GPIB** (General Purpose Interface Bus)

パラレル転送で，計測機器を最大 5 台接続できる．

この他にもパソコンのインタフェースとしては，赤外線を使用する IrDA (Infrared Data Association)，高速シリアル転送の IEEE 1384，米国インテル社を中心に推進している USB (Universal Serial Bus) などがある．とくに USB はキーボード，マウス，プリンタだけでなくモデムやスピーカやハブなども 1 つのポートで接続できる．

●**パソコンインタフェースの今後**●

パソコンは，マイクロソフト社が Windows 95 を発売して以来，一般家庭にも爆発的に普及しているが，いくつもの種類の接続線を統一して一種類にできないかという課題があった．マイクロソフト社は自社の OS の機能を十分に活用してもらうためにパソコンの推奨仕様を PC 95，PC 97，PC 98，PC 99 として公表してきた．とくに PC 99 仕様は CPU のメーカーであるインテル社と共同で策定して公表した．それによるとパソコンの仕様を一般消費者仕様，企業向け仕様，CAD などのハイエンド仕様等と区別した．これらに共通している仕様は，シリアルポート (RS-232C) やプリンタに使用しているパラレルポート (IEEE 1284) を使用しないよう「不許可」にした．また，キーボードやマウスのポートも使用せずに，**USB** (Universal Serial Bus) ポートと USB ポートに接続されたハブ (HUB：集線接続装置) に接続するように推奨している．つまり，パソコンインタフェースとして，RS-232C などがなくなることを意味している．

問題 8.1　もともと，モデムなどを接続するための通信用規格であるが，現在ではほとんどのパソコンが標準的に備えており，デジタルカメラなどの入出力機器との接続用として使用されているインタフェースはどれか（1種既出問題を変形）.

ア　GPIB　　　イ　LAN　　　ウ　RS-232C　　　エ　アダプタ
オ　イーサネット

問題 8.2　IEEE 488 として規格化されており，8ビットの並列伝送が可能で，計測器などとのデータのやり取りに用いられているのはどれか（1種既出）.

ア　GPIB　　　イ　ISA　　　ウ　RS-232C　　　エ　SCSI
オ　セントロニクス

問題 8.3　コンピュータと周辺装置とのインタフェースで，主としてハードディスク装置などとの高速なデータ伝送に使用されるものはどれか（2種既出）.

ア　GPIB　　　イ　IrDA　　　ウ　RS-232C　　　エ　SCSI

問題 8.4　パソコンと次の各周辺装置を接続するインタフェースの可能な組合せはどれか．ここで，ATA/ATAPI-4 は通常の IDE と呼ばれているものである（2種既出）.

	ハードディスク，CD-ROM	モデム	キーボード
ア	ATA/ATAPI-4	GPIB	SCSI
イ	GPIB	SCSI	RS-232C
ウ	SCSI	RS-232C	USB
エ	USB	IrDA	ATA/ATAPI-4

問題 8.5　図のような接続によって，各周辺装置が使用できる入出力インタフェースはどれか（2種既出）.

ア　PCI　　　イ　RS-232C　　　ウ　SCSI
エ　セントロニクス

第 9 章

通信ネットワーク

9.1 通信ネットワークシステム

　私たちの日常生活の中でもっとも身近な通信ネットワークは，電話回線網である．電話機は人と人が情報を伝達するが，電話機の代わりにコンピュータを接続して情報を伝達することもできる．コンピュータとコンピュータの情報通信を一般にデータ通信（data communication）という．

　これを通信回線の種類で区別すると，有線回線と無線回線に大別でき，有線回線は使用するケーブルによって金属ケーブルと光ファイバーケーブルに，無線回線は地上波回線と人工衛星などのサテライト回線などに分けられる．なお，一般の電話回線は，音声の伝達を主目的にしているため，その周波数帯域が 300 Hz〜3400 Hz と狭く，いわゆるアナログ波形を伝送するように設計されているので，デジタル波形を扱うコンピュータには不向きである．そこで一般の電話回線でもデジタル信号を高速で伝送できる ISDN（Integrated Service Digital Network）と呼ばれる回線が普及している．

　ISDN は，ITU-T（International Telecommunication Union-Telecommunication Standardization Sector）という国際電気通信連合（ITU）の電気通信標準化部門が提案したサービスで，電話，データ通信，ファクシミリなどを 1 本の回線で高速・高品質で実現するものである．これはサービス統合デジタル網と訳されているが，普通は単に ISDN という．わが国では NTT が開発して推進している **INS**（Information Network System）サービスが，ISDN である．わが国の INS のサービスには，従来の金属通信ケーブルをそのまま利用する INS ネット 64 サービスと光ファイバーケーブルを採用した INS ネ

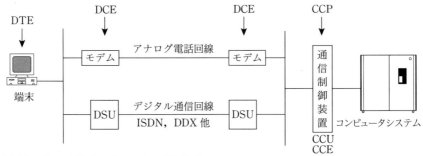

図 9.1　データ通信ネットワークの基本構成

ット 1500 がある．図 9.1 はデータ通信ネットワークシステムの基本的な構成
を示している．

DTE（Data Terminal Equipment）：端末装置一般のことで，ネットワーク
に接続されたパソコンもその 1 つである．DTE は単に TE （Terminal
Equipment）ということもある．

CCU（Communication Control Unit）：通信制御装置のことである．CCE
（Communication Control Equipment）ともいい，データの集配信，伝
送速度の調整，文字コードの変換，パリティビットの検出と付加などの
機能がある．

CCP（Communication Control Processor）：これは CCU と同様に通信制
御装置であるが，その機能を強化したもので通信制御処理装置と呼ばれ
る．CCU の機能のほかにメッセージの分解・組立て機能などが追加さ
れている．

MODEM（Modulator Demodulator）：一般の電話回線（アナログ回線）
とパソコンなどの端末の間に接続して，端末装置からのデジタル信号を
アナログ信号に変換（変調）して電話回線に送出する．一方，電話回線
からのアナログ信号は端末で処理できるようにデジタル信号に変換（復
調）して端末に伝送する．

DSU（Digital Service Unit）：これは網終端装置，宅内回線終端装置，デ
ジタル回線終端装置などと呼ばれ，ISDN や DDX などのデジタル回線
と端末の間に接続して，端末からのデジタル信号をデジタル回線への伝
送に適した形式に変換する．

　DCE（Data Circuit terminal Equipment）：データ回線終端装置とか単に回線終端装置という．具体的には，モデムやDSUをさす．これらはコンピュータや端末装置のデジタル信号を伝送路の特性に整合する役目を持つ．

　これらのほかに，加入電話回線を使用するるときに，発呼（ダイヤリング），着信，切断を担当するNCU（Network Control Unit：網制御装置），通信回線の効率を向上するために1つの回線の伝送容量を分割して複数の端末で利用するために用いるTDM（Time Division Multiplexer：時分割多重化装置）および構内の情報端末を効率的に運用するための構内交換機であるPBX（Private Branch eXchange）などがある．

問題9.1　次の図においてデジタル回線の終端装置となっている機器Eの名称はどれか（2種既出）．

　ア　DSU　　　イ　DTE　　　ウ　NCU　　　エ　PAD
　オ　TDM

問題9.2　データ通信システムで使用されるNCUに関して，適切な記述はどれか（2種既出）．

　ア　1本の回線を論理的に複数本の回線に見えるようにする．
　イ　送受信データの誤り検査を行う．
　ウ　デジタル信号をアナログ信号に変換し，また，その逆の変換を行う．
　エ　電話網への接続要求信号やダイヤル番号を送信する．

9.2　電気通信サービス

　電気通信サービスを事業として行うためには，電気通信事業法で規定された電気通信事業者にならなければならない．電気通信事業者は，NTTのように自ら電気通信回線設備を設置して，郵政大臣の許可によって事業を行う「第1種電気通信事業者」と第1種電気通信事業者から通信回線を借用して事業を行

表9.1　電気通信事業者

事業者種別	回線設備	事業開始の許認可	規　模
第1種 電気通信事業者	自ら設置	認可制	無制限
特別第2種 電気通信事業者	第1種電気通信 事業者から借用	登録制	不特定多数に対し, 1200 bps 換算で 500 回線以上
一般第2種 電気通信事業者	第1種電気通信 事業者から借用	届出制	不特定多数に対し, 1200 bps 換算で 500 回線以上

う「第2種電気通信事業者」に大別される．その第2種電気通信事業者は，イ
ンターネットサービスプロバイダのように不特定多数のユーザを対象とし，郵
政大臣への登録制による「特別第2種電気通信事業者」と郵政大臣へ届出によ
って事業できる「一般第2種電気通信事業者」に分類される．表9.1はこれら
の電気通信事業者をまとめて示している．

●電気通信サービスの種類●

アナログ回線サービス：アナログ回線サービスには一般の公衆回線とアナロ
　　グ専用線サービスがあり，モデムを介してデータ通信を行うが，高速通
　　信は望めない．

デジタル回線サービス：デジタル回線サービスには，9600 bps 以下のデジ
　　タル専用線サービスと 64 kbps 以上の高速デジタル回線サービスがあ
　　る．

　交換方式で分類すると，回線交換サービスとパケット交換（蓄積交換）サー
ビスがある．回線交換はいくつかの交換器を介して2点間を接続する方式で，
通信路が占有される．パケット交換はデータを一定の大きさのパケット（小
包）に分割して，それぞれのパケットに宛先情報を付加して相手先端末の蓄積
交換機へ伝送する．その受信側交換機でデータを再構築して，端末に転送する
方式である．したがって，パケットの伝送路は固定されず占有されない．な
お，パケットの大きさは，128〜4096 オクテット（1オクテット＝8ビット）
である．

　一般の電話網は回線交換である．DDX（Digital Data eXchage）サービス

は，回線交換サービスのDDX-Cとパケット交換サービスのDDX-Pおよび
DDX-TPがある．DDX-Pは第1種パケット交換サービスで，端末─交換器
間に全二重通信を設定し，DDX-TPは電話網からパケット交換網へ接続す
る．

　ここで電気通信サービスのうち，ISDN（INS）について簡単に確認してお
く．

　わが国のISDNには，表9.2に示したようにINSネット64サービスと
INSネット1500サービスがある．INSネット64サービスの通信ケーブルは
金属ケーブルで，インタフェースは基本インタフェース（2B + D）となって
いる．

　INSネット1500サービスは光ファイバーケーブルを採用し，インタフェー
スは1次群速度インタフェース（わが国では23B + D）となっている．Bチ
ャネルは1チャネル64 kbpsの通信チャネルである．基本インタフェースで
は，Dチャネル（16 kbps）は呼制御信号などのためのチャネルであるが，パ
ケット通信モードの情報チャネルとしても使用できる．1次群速度インタフェ
ースのDチャネルはBチャネルと同一の64 kbpsである．なお，1次群速度イ
ンタフェースでは，H_0チャネル（H_0 = 6B = 384 kbps）を組み合わせて高速
データ伝送を実現することもできる．なお，ここで計算した速度は伝送路上の
速度ではない．交換局への伝送路上の速度は，信号に制御ビットが付加され
て，基本インタフェースで192 kbps，1次群速度インタフェースでは1544
kbpsとなっている．

表9.2　ISDN

	INSネット64	INSネット1500
チャネル	2B + D 情報チャネルB：64 kbps 信号チャネルD：16 kbps	23B + D 情報チャネルB：64 kbps 信号チャネルD：64 kbps
交換方式	Bチャネル：回線交換， 　　　　　パケット交換 Dチャネル：パケット交換	Bチャネル：回線交換， 　　　　　パケット交換 Dチャネル：パケット交換
インタフェース	基本インタフェース 64 kbps × 2 = 128 kbps	1次群速度インタフェース 64 kbps × 24 = 1.5 Mbps

【計算例 9.1】 基本インタフェースと1次群インタフェースの情報チャネルの最大転送速度を計算せよ．ただし，ここでは簡単のため情報ビットのみを考える．

基本インタフェース　　　2B = 2 × 64 = 128 kbps

1次群インタフェース　　23B = 23 × 64 = 1472 kbps

問題 9.3　Dチャネルを含めて多重化した場合の基本インタフェースと1次群速度インタフェースの速度を計算せよ．

問題 9.4　パケット交換網の特徴として，適切なものはどれか（2種既出）．

　　　ア　同じ速度の専用線に比べ，通信網の中での伝送遅延は小さい．

　　　イ　課金の際の料金体系は固定料金制なので，大量のデータ通信を行うシステムに適している．

　　　ウ　専用線のような相手固定接続はできない．

　　　エ　伝送速度の異なる端末やコンピュータ間でもデータ通信ができる．

　　　オ　1つの回線で，複数の端末と同時に接続して通信することはできない．

問題 9.5　ISDN に関する記述のうち，誤っているのはどれか（1種既出）．

　　　ア　Bチャネルの伝送速度は 64 k ビット/秒である．

　　　イ　Bチャネルはデータ伝送に，Dチャネルはデータ伝送と呼制御信号の伝送に用いる．

　　　ウ　ISDN インタフェースを装備していない端末装置を ISDN に接続するには，TA（ターミナルアダプタ）を使用する．

　　　エ　ISDN 交換機と端末装置の間には既存のペアケーブルを用いるので，このデータ伝送にはモデムが必要になる．

　　　オ　ISDN の回線はデジタル伝送であるが，電話の通信にも用いられる．

9.3 変調速度と伝送速度

　モデム（MODEM）は，前述したようにコンピュータからの信号をアナログ信号に変換したり，その逆を行うので，**変復調器**ともいうが，コンピュータからの電気信号は**ベースバンド信号**（base-band signal）とか**基底帯域信号**と呼ばれ，一般に図9.2に示すベースバンド波形のうち，単流波形（直流）を使用する．その直流をアナログ波形（交流）に変換するので，まれに**交直変換器**という場合もある．ベースバンド波形のうち，電気信号が＋と－に振れているものを複流という．また，論理値0と1を表す信号波形がひとつの論理値ごとにいったんゼロレベルに戻る方式を**RZ**（Return to Zero）といい，論理値1が連続した場合，信号波形は論理値1のレベルを保持して，ひとつの論理値ごとにいったんゼロレベルに戻らない方式を**NRZ**（Non Return to Zero）という．

　一般に通信方式には，放送のような**単方向通信**（one way system），トランシーバのようにこちらの用件を伝え終えて「どうぞ」というと，相手が話し始めるという**半二重方式**（half duplex system），および電話のように相手が話し中でもこちらから話ができる双方向システムである**全二重方式**（duplex system）がある．そのうち，モデムは全二重方式を採用している．つまり，

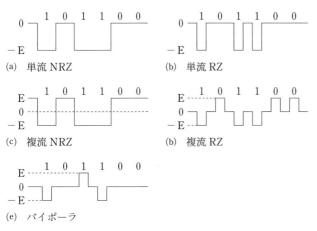

(a) 単流 NRZ　　　(b) 単流 RZ

(c) 複流 NRZ　　　(b) 複流 RZ

(e) バイポーラ

図9.2 ベースバンド波形（ここでは負論理で表示している）

情報のアップロード（送信）周波数とダウンロード（受信）周波数を，異なる値にとるなどして全二重方式を実現している．

　変調の方式には，**振幅変調**（AM：Amplitude　Modulation），**周波数変調**（FM：Frequency Modulation），**位相変調**（PM：Phase Modulation），および**振幅位相変調**などがある．振幅変調は雑音に弱いので単独でデータ伝送に使用されることはない．周波数変調は異なる2つの周波数を論理値1と0に対応させる方式である．これは雑音にも強いが，1回の変調で1ビットの情報しか表すことができないので，ほとんど使用されていない．

　図9.3に位相変調の原理を示している．位相変調は情報0，1に対応して電気信号の位相を変化させる方式である．単純位相変調は，0と1の状態に，互いに180°だけ異なる位相を使用するので，その原理を知るためには有効であるが，何らかの異常で受信側で0と1を逆に読む可能性があるので，実際には

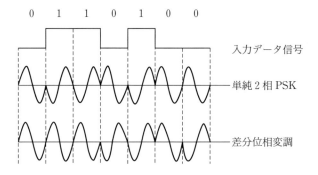

図**9.3**　2相PSK

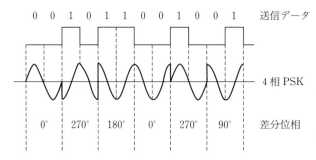

図**9.4**　4相PSK

使用されない. **差分位相変調**は, 論理値が 0 になるときに限り位相を反転させる. したがって, 論理値 1 が連続しても位相は一定で変化しない. 一方, 論理値 0 が連続すると, 各ビットごとに位相が反転する.

図 9.4 は 4 相位相変調の原理を示している. 360°(1 周期)を 4 分割すると, 0°, 90°, 180°, 270°の差分位相ができる. これをデータに割り当てると (00 を 0°, 01 を 90°, 11 を 180°, 10 を 270°), 1 回の変調で 2 ビットの情報を伝送できる. なお, 市販の 56 k モデムは位相変調ではなく, パルス符号変調方式を採用して高速化を実現している.

ところで, 市販されているモデムは, 変復調機能だけでなく, アナログ回線への発信制御を行う NCU 機能, 誤り制御機能, ファクシミリ伝送などのためのデータ圧縮機能, 端末と伝送路の速度調整のためのフロー制御機能, およびその他の便利な機能が付加されている.

●ボー●

ボー (baud) は, **変調速度**の単位で, 1 秒間に何回の変調が行われるかという尺度を示すものである. したがって, 図 9.5 に示すように 8 ビットの文字情報にスタートビットとストップビットの各 1 ビットを付加した 10 ビットの文字を単純位相変調で 1 秒間に 30 文字を伝送したとすると, 1 文字につき 10 回の変調を行うので, 1 秒間に 300 回の変調になる. この場合の変調速度は 300 ボーであるという. 変調速度 B は $B = 1/T$ で与えられる. ただし, T は周波数または位相の変化点から変化点までの最小時間である.

【**計算例 9.2**】 パルス幅が 1/1200 秒であるという. 変調速度を計算せよ. ただし, 1 回の変調で伝送可能なビット数を 1 とする.

$B = 1/(1/1200) = 1200$ ボー

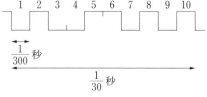

図 9.5

●伝送速度●

　伝送速度は，転送速度，通信速度などとも呼ばれ，1秒間に伝送できる情報のビット数を表し，次のように定義される．単位として bps（bit per second）を用いる．

$$\text{伝送速度 } S = \sum_{i=1}^{m} \frac{1}{T_i} \log_2 n_i$$

　　m：並列伝送路の数

　　T_i：i 番目の伝送路の1パルスの幅（秒）

　　n_i：i 番目の伝送路の1パルスの状態数

【計算例9.3】　8位相変調で伝送速度が 2400 bps であるという．このモデムの変調速度を計算せよ．

　8位相変調では，1回の変調で3ビットの情報を表現できるので，次のようになる．

　　$B = 2400/3 = 800$ ボー

●ベアラ速度●

　デジタル伝送信号形式にエンベロープ形式がある．エンベロープ形式というのは，伝送データを6ビット単位に区切って，その6ビットの前後にそれぞれ1ビットの同期ビット（Fビット，フレームビット）と制御ビット（Sビット，ステータスビット）を付加した8ビット信号形式としたものである．ベアラ速度というのは，回線終端装置（DSU）から伝送路に出されたエンベロープ形式のデータの伝送路における速度をいう．そのベアラ速度は次の式で計算される．

　　　ベアラ速度 ＝ データ信号速度 × 8/6 × サンプリング数

データ信号は DSU でサンプリングされエンベロープ形式に変換されるが，そのサンプリングには単点サンプリングと多点サンプリングがある．データ信号速度が 48 kbps の場合，単点サンプリングであるから，そのベアラ速度は次のようになる．

　　　ベアラ速度 ＝ 48 kbps × 8/6 × 1 ＝ 64 kbps

9.4　同期方式

　送信されてくるデータ信号は，連続している．この連続信号のどのビットが
文字や符号の先頭ビットであるかを知らなければ，受信側では正しい符号とし
て再現することはできない．そこで，送信側と受信側で時期（タイミング）を
合わせる必要がある．このタイミングをとることを**同期**（synchronization）
という．

●非同期方式●

　非同期（asynchronous）方式は，非同期という同期方式で，具体的には調
歩同期方式をさす．したがって，非同期式伝送は調歩式伝送（start‑stop
transmission）による伝送を意味する．これはすでに示した図 9.5 のように，
1 文字ごとにスタートビットとストップビットを付加して文字の区切りを認識
する方式で，9600 bps 以下の低速伝送で用いられる．

●キャラクタ同期方式●

　キャラクタ同期方式（character synchronous system）は，図 9.6 に示して
いるように伝送したいデータの前に SYN 符号（16H ＝ 00010110，H は 16 進
形式であることを示す）を付加して伝送する方式である．これは SYN 同期方
式ともいう．

図 9.6　キャラクタ同期方式

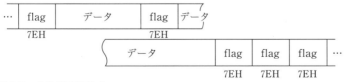

図 9.7　フラグ同期方式

●フラグ同期方式●

　フラグ同期方式（flag synchronous system）は，図9.7に示しているように伝送したいデータがない場合でも常にフラグパターン（7EH ＝ 01111110）を送信して，それ以外のパターンが受信されたとき，それがデータであることを認識する．なお，送信側でデータ中に1が連続して現れた場合は0を挿入して伝送して，受信側でその0を取り除くことによってフラグパターンと区別する．

9.5　伝送制御手順

　データ通信が行えるようにするためには，通信路の確立，同期の制御，誤り制御などの各種制御機能が必要になる．言い換えると，送信端末と受信端末の間に論理的な伝送路を確立してデータ伝送を行うデータリンク制御，送受信されるデータの同期をとる同期制御，送受信されるデータの誤りの通知，訂正，再送制御を行う誤り制御などである．これらを総称して**伝送制御**といい，その手順を伝送制御手順という．その伝送制御手順は，回線の接続方法であるとか，誤り訂正の方法のような論理的な約束事である．約束事ではそのほかに信号の波形，通信回線の電気的特性，モデムの伝送信号やコネクタの規格などの物理的なものがある．これらの約束や規約を総称して通信規約とか，通信**プロトコル**（protocol）という．

●無手順●

　無手順方式は最も簡単な手順で，端末自身が伝送制御の機能を持っていないので端末オペレータに依存する割合が多い．無手順端末がパケット通信網を利用するには，PAD（Packet Assembler Disassembler）と呼ばれるパケット組立て・分解機能を持つ装置を介して行う．データをパケット化するには，ETX（End of Text）とかETB（End of Transmission Block）などのデリミタ（区切り）コードを使用して，そのデリミタを検出してデータをパケットに組み立てる．そのほかにデータブロックとデータブロックの間に一定時間をあけてデータを区切る方法がある．これをタイミングアウトという．つまりタイミングアウトになるとそれまでのデータをパケットに組み立てる．

●ベーシック手順●

　ベーシック手順は IBM 社が開発した BSC（Binary Synchronous Communication）手順を基本として，その後改良されて標準化されたもので，SOH（ヘッディング開始），STX（テキスト開始），ETX（テキスト終了），EOT（伝送終了），ACK（肯定応答），SYN（同期信号）他など 10 種類の伝送制御キャラクタを用いてデータをブロック単位で伝送する．そのベーシック手順は基本モードと拡張モードに大別される．**基本モード**は JIS7 単位コードを用いて単方向通信モードまたは半二重通信モードを基本としている．一方，**拡張モード**は，会話モード（基本的には半二重モード），全二重モード（双方向同時

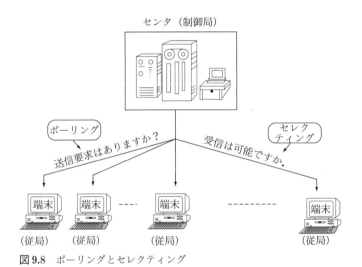

図 9.8　ポーリングとセレクティング

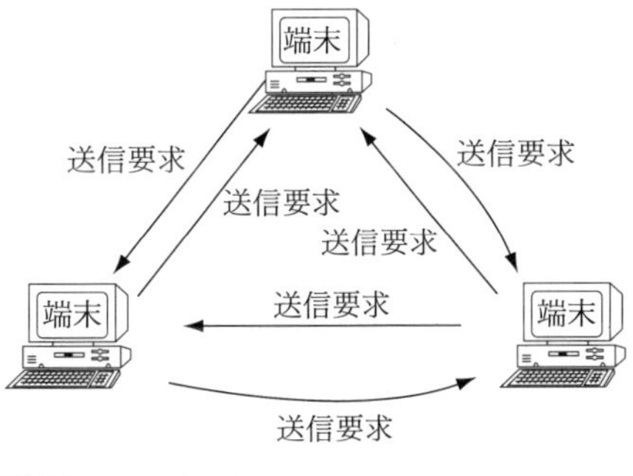

図 9.9　コンテンション

伝送モード），コードインディペンデントモード（JIS7 単位コード以外のコード可）がある．

　ベーシック手順における伝送制御手順には，図 9.8 に示した**ポーリング**（polling），**セレクティング**（selecting）と図 9.9 に示したコンテンション（contention）がある．ポーリングは制御局が複数の従局に対して送信要求があるかどうか？の世論調査（polling）をして，その要求にしたがって送信許可を与える．セレクティングは制御局が従属局に対して，「送信したいが受信は可能か？」と問い合わせて，受信可の了承をとってから送信する．**コンテンション**は端末間で競争（contention）して，先に送信要求を行った局が主局の立場になって，セレクティングを行ってデータリンクを確立する．

● HDLC 手順●

　HDLC（High-level Data Link Control）手順は，無手順，ベーシック手順に比べて，はるかに高い信頼性と高速性を実現している．伝送するデータはコード形式に限定されず，フレーム単位で任意のビット長の情報を伝送することができる．フレーム構成は図 9.10 に示しているように，フラグパターン（7EH = 01111110）と特定の制御ビットパターンに囲まれた任意ビット長の情報フィールドで構成されている．

　フラグパターン：1 つのフレームの開始と終了を意味する．伝送データ中に 1 が連続して現れて，フラグパターンと同一になる場合もある．その場合は次のようにする．1 が連続して 5 個現れると送信側で強制的に 0 を挿入して，01111110 を 010111110 とする．そして，受信側で LSB から数えて 7 ビット目の 0 を除去する．

　アドレスフィールド：送信局はフレームのあて先（受信局のアドレス：8 ビ

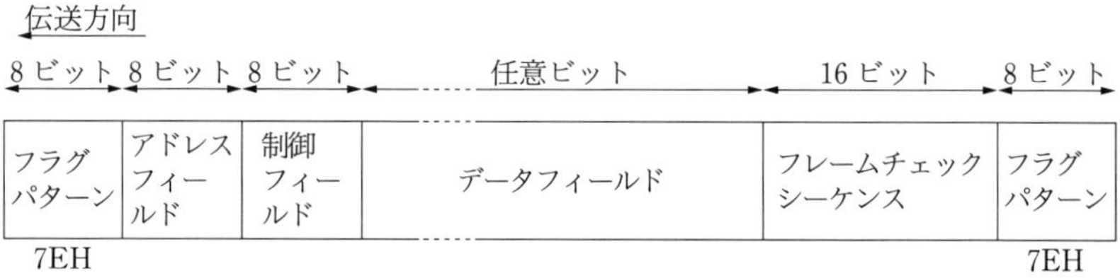

伝送方向

8ビット	8ビット	8ビット	任意ビット	16ビット	8ビット
フラグパターン	アドレスフィールド	制御フィールド	データフィールド	フレームチェックシーケンス	フラグパターン
7EH					7EH

図 9.10　フレームの構成

ット）を付けて送信する．なお，アドレスフィールドは8ビット単位で拡張することが可能で，ISDNでは16ビットを使用している．

制御フィールド：8ビットで構成され，フレームの種別（情報フレーム，監視フレーム，非番号制フレーム），送受信順序番号などの制御情報が含まれる．

情報フィールド：送信する情報（データ）が置かれる．

フレームチェックシーケンス：16ビットで構成され，後述するCRC方式の誤り制御のために使用される．

ベーシック手順では，データリンク確立のためにポーリング/セレクティング方式やコンテンション方式を採用したが，HDLC手順では2次局，複合局における動作モードを定義するコマンドでデータリンクを確立する．なお，1次局から2次局へ送信される情報をコマンドといい，2次局から1次局へ送信される情報をレスポンスという．

1次局：2次局へコマンドを送信し，2次局からのレスポンスを受信する．データリンクの確立や誤り制御を担当する．

2次局：1次局からのコマンドを受信して，1次局へレスポンスを送信する．

複合局：コマンドとレスポンスを送信できる．1次局と2次局の複合した局．

【不平衡型手順クラス】

不平衡型手順クラスは，すべて1次局にデータリンクを制御されるもので，動作モードとして，**正規応答モード**（NRM：Normal Response Mode）と**非同期応答モード**（ARM：Asynchronous Response Mode）がある．正規モードでは，複数の2次局のうち，1次局から許可をもらった2次局のみがレスポンスを行うことができる．非同期応答モードは1次局の許可なくレスポンスできる．

【平衡型手順クラス】

平衡型手順クラスでは，2つの局の双方がデータリンクに対して責任を持つ．動作モードは**非同期平衡モード**（ABM：Asynchronous Balanced Mode）で，双方が1次局であり，また2次局であることから，互いに相手の許可なくコマンドとレスポンスを送信できる．

問題 9.6　HDLC 手順に関する記述のうち，誤っているものはどれか（1 種既出）．

　　ア　8 ビットのフラグシーケンスをフレームの前後につけて，フレームの同期をとる．

　　イ　確認応答を待つことなく，複数の情報フレームの連続送出ができる．

　　ウ　任意のビットパターンの情報を伝送できる．

　　エ　非同期伝送方式を使用できる．

　　オ　フレームチェックシーケンスを用いて誤り検出を行い，フレームの再送で訂正を行う．

問題 9.7　伝送制御の中で，次の処理を行うのはどれか（1 種既出）．

　　・データ回線終端装置（モデムなど）の監視を行う．

　　・電話交換機を使用する際には，ダイヤル発信して着信側との接続を行い，通信終了後には回線を切断する．

　　ア　誤り制御　　　　　　　　　イ　回線制御

　　ウ　データリンク制御　　　　　オ　同期制御

9.6　誤り制御

　情報伝送システムにおける誤りは，そのシステムのあらゆるところで発生する可能性がある．そして，その確率は $1/10^5 \sim 1/10^6$ とされている．誤り制御というのは，伝送された信号が正しい信号であるかそれとも間違った信号であるかを判定して，もし誤った信号ならば，送信元にその旨報告して再送させたり，誤りを検出訂正する機能である．

　たとえば JIS7 単位符号に**パリティビット**（parity bit）を 1 個付加した全 8 ビットの符号である．この場合，1 の数が常に偶数になるように付加ビットを設定する．これを**偶数パリティ**（even parity）という．したがって，このように設定された信号を受信した場合，**パリティチェック**（奇偶検査）回路で 1 の数が奇数であると判定されると，受信した信号に誤りがあるということになる．なお，1 の数が常に奇数になるようにしたものを**奇数パリティ**（odd parity）という．

　ところで，伝送された符号から誤りを検出した場合，その旨を送信側に伝え
てデータ再送要求を出す方式では，伝送効率がよくない．もし，誤りを受信側
で自動的に自己訂正できる仕組みがあると便利である．次に，誤り検出・自己
訂正可能な**巡回冗長検査符号方式**（CRC：Cyclic Redundancy Check）につ
いて考える．

　CRC 方式は伝送するデータに 16 ビットの巡回冗長符号を付加して伝送し
て，受信側で誤り検出・自己訂正の機能を持つものである．この方式には次の
ような特長がある．

(1)　バースト誤り（burst error）の訂正にも容易に対応できる．

(2)　比較的効率がよい．

(3)　巡回冗長符号をシフトレジスタで簡単に生成できる．

なお，**バースト誤り**というのは，伝送路特有の連続したビットエラーのことを
いう．ところで，巡回冗長符号の基礎となるのは符号の多項式表現である．い
ま，n ビットの符号を $a_{n-1}\cdots a_2\, a_1\, a_0$ とすると，a_{n-1} を $n-1$ 次，a_2 を 2
次，a_1 を 1 次，そして a_0 を 0 次の係数に対応させて次のように表す．

$$F(x) = a_{n-1}x^{n-1} + \cdots + a_2x^2 + a_1x^1 + a_0x^0$$
$$= a_{n-1}x^{n-1} + \cdots + a_2x^2 + a_1x^1 + a_0$$

これを一般に**符号多項式**（code polynominal）という．したがって，符号が

　　10100010111

のとき，これを多項式で表現すると次のようになる．

$$F(x) = x^{10} + x^8 + x^4 + x^2 + x + 1$$

●巡回符号の作り方●

　巡回符号を作るには，$0+0=0, 0+1=1, 1+0=1, 1+1=0, 0-1=1$
という，2 を法とする（modulus 2）演算を実施する．その演算例 $(x^5 + x^2$
$+ 1) \pm (x^5 + x^3 + x^2)$ を次に示す．

$$\begin{array}{r} x^5 + x^2 + 1 \\ x^5 + x^3 + x^2 \\ \hline x^3 + 1 \end{array}$$

情報データ $P(x)$ と生成多項式（generator polynominal）$G(x)$ をそれぞれ

$$P(x) = x^7 + x^5 + x$$

$$G(x) = x^3 + x + 1$$

とすると，まず $G(x)$ の最高次数の項（この場合は x^3）を $P(x)$ に乗ずる．

$$x^3 P(x) = x^3(x^7 + x^5 + x) = x^{10} + x^8 + x^4$$

となる．次にこれを $G(x)$ で除算する．その結果，余り $R(x)$ として

$$R(x) = x^2 + x + 1$$

を得る．生成符号 $F(x)$ は，この余り $R(x)$ を，$G(x)$ の最高次数の項に $P(x)$ を乗じたものに加算して求める．すなわち

生成符号 $F(x) = G(x)$ の最高次数の項 $\times P(x) + R(x)$

である．したがって，この例題では次のようになる．

$$
\begin{aligned}
F(x) &= x^3(x^7 + x^5 + x) + (x^2 + x + 1) \\
&= x^{10} + x^8 + x^4 + x^2 + x + 1 \\
&= 10100010111
\end{aligned}
$$

この符号は情報データ 10100010 に冗長チェック符号 111 を付加した形になっている．受信側では伝送された $F(x)$ を所定の $G(x)$ で除算して余りが出なければ正常で，もし余りが出れば誤りを検出したことになる．

●ハミングコード●

　ハミングコード（Hamming code）は，1950 年に R.W. Hamming が考案したコード（符号）で，送られてきたデータに誤りがあれば，その誤りを検出して訂正を行う．送信側では検査ビットを情報ビットに一定の規則で付加して伝送し，受信側ではその規則性をチェックして誤りのあるビットを検出して訂正する．

【例題 9.1】　情報ビット X_1，X_2，X_3，X_4 の 4 ビットに，冗長ビットとして P_3，P_2，P_1 の 3 ビットを付加したハミング符号 X_1，X_2，X_3，P_3，X_4，P_2，P_1 を生成する．

なお，付加ビット P_1，P_2，P_3 の 3 ビットはそれぞれ

$$X_1 \oplus X_3 \oplus X_4 \oplus P_1 = 0$$
$$X_1 \oplus X_2 \oplus X_4 \oplus P_2 = 0$$
$$X_1 \oplus X_2 \oplus X_3 \oplus P_3 = 0$$

となるように決める（⊕は排他的論理和を表す）．

ハミング符号 1110011 には 1 ビット誤りが存在する．誤りビットを訂正した

正しいハミング符号はどれか（1種既出）．

　　ア　0110011　　　イ　1010011　　　ウ　1100011　　　エ　110111

ハミング符号 1110011 より $X_1 = 1$，$X_2 = 1$，$X_3 = 1$，$P_3 = 0$，$X_4 = 0$，$P_2 = 1$，$P_1 = 1$ であるから，各ビットの値をあらかじめ定めた排他的論理和の式に代入すると次のようになる．

$$X_1 \oplus X_3 \oplus X_4 \oplus P_1 = 1 \oplus 1 \oplus 0 \oplus 1 = 1$$
$$X_1 \oplus X_2 \oplus X_4 \oplus P_2 = 1 \oplus 1 \oplus 0 \oplus 1 = 1$$
$$X_1 \oplus X_2 \oplus X_3 \oplus P_3 = 1 \oplus 1 \oplus 1 \oplus 0 = 1$$

もし誤りがなければ各論理式は 0 になる．したがって，この3つの論理式では共通の項が誤っているということになるから，$X_1 = 0$ とならなければならない．したがって，正解は「ア　0110011」となる．

9.7　LAN の技術

　LAN（Local Area Network）は，同一建物やキャンパス，工場などのように同一敷地内に通信ネットワークを構築して，分散したコンピュータを結んだ構内データ通信網のことをいう．これに対して東京本社と全国の支社をネットワークで接続したようなデータ通信網を WAN（Wide Area Network）とか広域データ通信網という．LAN は自前のデータ通信網であるから通信料金が不要であることは言うまでもないが，何よりも高速で高品質の通信網を比較的簡単に構築できて高度な社内情報処理を実現できる．

● LAN の構成 ●

　LAN の構成には，バス形 LAN，リング形 LAN，スター形 LAN がある．これは網トポロジ（network topology）とも呼ばれ，ネットワークケーブルの接続形態である．表 9.3 にこれらの特徴を示している．接続に使用するケーブルは，金属ケーブルと光ファイバーケーブルに大別される．

　金属ケーブルには，ツイストペアケーブル（twisted pair）と同軸ケーブル（coaxial cable）があるが，通常はイーサネット（Ethernet）と呼ばれる LAN ケーブルを使用する．そのイーサネットケーブルには，伝送速度を 10 Mbps まで保証した 10 BASE-T，10 BASE 2，10 BASE 5 の 3 種類がある

表9.3 LAN の接続形態とその比較

	バス型	スター型	リング型
接続形態			
伝送制御方式	CSMD/CD トークンバス	CSMD/CD トークンバス	トークンリング
移設などの取扱	やや困難	容易	やや困難
ノードの故障	影響なし	影響なし	ノードの1個でもの故障すると全体が通信不能

が，伝送速度を 100 Mbps まで保証した First Ethernet として 100 BASE-TX ツイストペアメタルケーブルも実用になっている．

　光ファイバーケーブルは Gbps（ギガビット/秒）単位の超高速通信ケーブルで，バックボーンと呼ばれる基幹通信路に使用される場合が多い．この光ファイバーケーブル網を FDDI（Fiber Distributed Data Interface）という．なお，私たちが個人で構築する室内 LAN の規模では 10 BASE-T ケーブルとハブ（HAB）と呼ばれる集線接続装置を使用したスター形 LAN を採用することが多い．

●伝送制御方式●

　LAN に接続された各装置間の通信制御を一般に伝送制御という．この伝送制御方式には，時分割方式（TDMA 方式），トークンパッシング方式，CSMA/CD 方式がある．

　時分割方式は，TDMA（Time Division Multiple Access）方式と呼ばれる．スター形 LAN に採用される方式で，接続された各装置が使用できる伝送路の時間を制御装置が割り当てて順次スイッチする方式である．

　トークンパッシング（token passing）**方式**は，主としてリング形 LAN で採用されている方式で，リング内を送信権限情報であるトークン信号を巡回させる．データを送信したい各装置はこのトークンを捕らえて送信権を得る．各

装置は常に受信状態にあり，宛先情報を解析して自分宛ての情報のみを取り込む．リング形 LAN で使用するので，この方式をトークンリング方式という．またこの方式はバス形 LAN でも利用でき，この場合をトークンバス方式という．

CSMA/CD（Carrier Sense Multiple Access with Collision Detection）**方式**は，主としてバス形 LAN で採用される方式で，接続された各装置は常にバス上の搬送波（carrier）を検出している．各装置は自分宛てのアドレス情報を持つデータのみを取り込む．各装置はバス上に搬送波がないときに送信できるが，各装置からの送信要求が多くなると，送信権の競合と搬送波の衝突が生じる．それを検出（collision detection）すると，一定時間おいて再送信する．

問題9.8 LAN の世界では，配線の接続形態を網トポロジと呼ぶ．1本のトランクケーブルから複数のブランチケーブルを延ばして，それぞれにコンピュータや端末を接続する網トポロジはどれか（1種既出）．
　　　　ア　スター形　　　　イ　ツリー形　　　　ウ　ネットワーク形
　　　　エ　バス形　　　　　オ　リング形

9.8　OSI 参照モデル

　表9.4 に OSI 参照モデルを示している．OSI（Open Systems Interconnection）は，国際標準化機構が提案したオープンシステム間の相互接続のネットワークシステムモデルである．なお，オープンシステムというのは基本機能，操作手順，接続方法などを公開して，異機種システムの相互接続を可能にしようとするものである．これは OSI 7 階層モデルとも呼ばれ，上から，第7層：アプリケーション層，第6層：プレゼンテーション層，第5層：セッション層，第4層：トランスポート層，第3層：ネットワーク層，第2層：データリンク層，第1層：物理（フィジカル）層となっている．このモデルにおいてデータを伝送する場合，第7層でファイル転送などのアプリケーションを起動して，順次下に進み第1層の伝送路に到達する．それが受信側の第1層に接続されていて，受信側では順次上に進み，第7層のアプリケーションで読むことになる．

表 9.4　OSI 参照モデル

	階層番号	階　層　名	説　　　明
上	第 7 層	アプリケーション層	ユーザとの接点で，ネットワークアプリケーションの手順を規定
位	第 6 層	プレゼンテーション層	符号化，データ圧縮，情報の表現形式などを規定
層	第 5 層	セッション層	送受信の優先権，全二重・半二重などの制御手順，再送制御などの手順を規定
下	第 4 層	トランスポート層	データ転送制御
位	第 3 層	ネットワーク層	経路制御をして，通信経路の確立
層	第 2 層	データリンク層	伝送制御手順を規定，誤り制御を行う
	第 1 層	物理層	電気的，機械的，物理的条件を規定

表 9.5　TCP/IP

	階層番号	OSI の階層名		TCP/IP の階層名	LAN 接続機器
上	第 7 層	アプリケーション層			
位	第 6 層	プレゼンテーション層	第 4 層	アプリケーション層	ゲートウェイ
層	第 5 層	セッション層			
下	第 4 層	トランスポート層	第 3 層	トランスポート層	ルータ
位	第 3 層	ネットワーク層	第 2 層	インターネット層	ブリッジ
層	第 2 層	データリンク層	第 1 層	ネットワークインタフェース層	リピータ
	第 1 層	物理層			

9.9　TCP/IP

　TCP/IP は TCP（Transmission Control Protocol）と IP（Internet Protocol）を合わせたプロトコルの総称で，インターネットの通信プロトコルとして，世界標準になっている．これは OSI 参照モデルを基本として，7 階層を 4 階層にしたもので，より効率的なプロトコルになっている．表9.5 に OSI 参照モデルと対比して示している．

　第 4 層（アプリケーション層）：OSI の第 7 層，第 6 層，第 5 層に対応する．ここでは FTP（ファイル転送プロトコル），SMTP（電子メール

プロトコル), Telnet (リモートログイン) などを規定する.

第3層 (トランスポート層):OSI の第 4 層に対応する. ここでは TCP に
よる伝送と機能を低くした UDP (User Datagram Protocol) による高
速伝送を提供する. UDP は IP プロトコルに最小限の機能を付加した
プロトコルである.

第2層 (インターネット層):OSI の第 3 層に対応する. ここでは IP によ
る世界に 1 つだけのグローバルアドレスである IP アドレスを付加して
パケットの組み立て・分解と経路制御を提供する.

第1層 (ネットワークインタフェース層):OSI の第 2 層, 第 1 層に対応す
る. Ethernet (イーサネット) や FDDI (光ファイバーケーブル) など
の伝送媒体や伝送方式, 誤り制御などを規定している.

●ハブ (HUB)●

ハブは多数のケーブルを接続する集線装置で, 図 9.11 にハブによるパソコ
ンの接続を示している. この接続には一般に 10 BASE-T, 100 BASE-TX と
呼ばれるツイストペアケーブルが使用される. 市販されているハブには 4 ポー
ト, 8 ポートのものが多い. これらはカスケードにいくつか接続できるので,
容易にポートを増設できて便利である. なお, 市販のハブには 100 BASE-TX
対応の高速なスイッチングハブと呼ばれるハブがある. スイッチングハブはデー
タに含まれるアドレス情報を判別して, 目的の端末のみにデータ転送を行
う. このことによりネットワークのトラフィックが減少して処理速度が向上す
る.

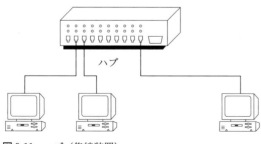

図 **9.11** ハブ (集線装置)

●リピータ●

　リピータ（repeater）は，図9.12に示したように，伝送路（通信ケーブル）を規定長より延長・中継するための装置で，信号の減衰を改善する．LAN内の各セグメント（1本のケーブル）間を中継するリピータをローカルリピータという．これに対して，ISDN回線などのWANを介してLAN間接続するリピータをリモートリピータという．

●ブリッジ●

　ブリッジ（bridge）は，LANとLANを接続する装置（図9.13）で，MAC（Media Access Control）アドレス（端末や接続機器が持っている固有のアドレス）などを監視して，不要なデータ転送をしない．これをローカルブリッジといい，ISDN回線などのWANを介してLAN間接続するものをリモートブリッジという．

●ルータ●

　ルータ（router）はデータ転送の経路（route）を決定する経路制御機能を持つLAN間接続装置である．転送データはいくつものルータを介して目的とする装置に届けられる．図9.14に簡単なルーティングの例を示している．LAN間接続装置ということでは，ブリッジも同じであるが，ブリッジは機器固有のMACアドレスをみて接続するのに対して，ルータはIPアドレスを経路制御に使用している．したがって，ルータはインターネットによる地球規模のネットワークに接続するための必需品である．市販されているルータは，ブリッジの機能のほかにTCP/IP以外のプロトコル（NetWare，AppleTalk他）にも対応できる．これをマルチプロトコルルータといい，広く利用されている．

●ゲートウエイ●

　ゲートウエイ（gateway）はまったく異なる通信プロトコルのネットワークを接続する装置である．具体例としては，SNA（Systems Network Architecture）ゲートウエイ，FNA（Fujitsu Network Architecture）ゲートウエイなどが知られている．

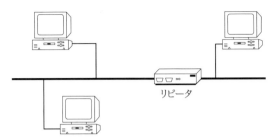

図 9.12 リ ピ ー タ

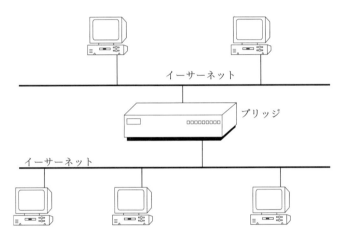

図 9.13 ブ リ ッ ジ

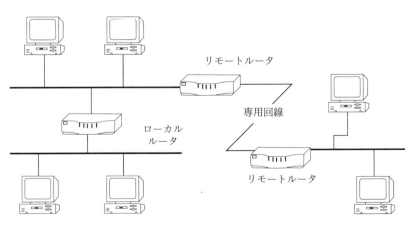

図 9.14 ル ー タ

● IP アドレス ●

　現在 IP アドレスは 32 ビット長で，一意に割り当てられている．インターネットでは，一意に割り当てられたアドレスを持つコンピュータをホストコンピュータという．そのインターネットアドレスには，図 9.15 に示すように一般にクラス A，クラス B，クラス C の 3 クラスがある（クラス D，E は省略）．クラス A は大規模ネットワークで，クラス B は中規模ネットワークである．クラス C は私たちに最も身近なもので，大学などのかなり大きな事業所でも最近ではクラス B が割り当てられることはまれな事で，クラス C をいくつか割り当てられるというのが一般的となっている．そして，この IP アドレスは，わが国の場合，日本インフォメーションセンター（JPNIC：Japan　Network Information Center）で一元管理されている．各クラスともネットワークを指定するネットワーク部と一意に指定できる（コンピュータ等を指定する）ホスト部から構成されている．

　ここでクラス C を考えてみよう．クラス C のホスト部は 8 ビットであり，8 ビット → 2^8 = 256 であることから合計 256 個のパソコンをホストとして接続できるのであるが，一般に全ビット 0 と全ビット 1 は特別な使用方法のために使用しない．したがって，254 個のホストを接続できるということになる．つまり，00000000〜11111111 のうち 00000001〜11111110 までの 254 個のアドレスが使用できる．実際には，ルータなどの機器にも IP アドレスを割り当てることになるので，各自の端末に割り当てられる数は，この数よりも少なくなる．ただ，ここで述べた IP アドレスはいわゆるグローバルアドレスであって，世界で唯一の番号であることから，十分な数の IP アドレスが付与されることは少なく，一般企業体では端末の要求に応じてサーバから IP アドレスを割り当てる（時間で貸出し）DHCP（Dynamic　Host　Configuration　Protocol：動的ホスト構成プロトコル）サーバで対処したり，社内固有のプライベートアドレスを割り当てるシステムがあり，利用されている．

　図 9.16 は，クラス C のホスト部を 3 ビットのサブネット部と 5 ビットのホスト部に分割したものである．この場合，3 ビット → = 2^3 = 8 より 8 個の部門を区別できる．そして，ホスト部は 5 ビット → = 2^5 = 32 から 32 − 2 = 30 個のホストを接続できる．

```
ネットワーク部
（8 ビット）      ホスト部（24 ビット）
```

(a) クラスA

```
ネットワーク部（16 ビット）      ホスト部（16 ビット）
```

(b) クラスB

```
ネットワーク部（24 ビット）      ホスト部
                              （8 ビット）
```

(c) クラスC

図 9.15 IP アドレス

```
ネットワーク部（24 ビット）            ホスト部
                                   （5 ビット）
```

図 9.16 サブネット   サブネット部
                          （3 ビット）

● **CIDR による表現** ●

CIDR（Classless Inter-Domain Routing）による IP アドレスの表現がある．これは複数のクラスCを割り当てて，中規模事業所の要望に応えるためのものである．図 9.17 は，ネットワーク部が

　　　210.137.120.0　　　　210.137.121.0
　　　210.137.122.0　　　　210.137.123.0

のクラスCを 4 つ割り当てられた場合を示している．この場合，これらを 2 進形で表現すると次のようになる．

　　　11010010 10001001 01111000 000000000
　　　11010010 10001001 01111001 000000000
　　　11010010 10001001 01111010 000000000
　　　11010010 10001001 01111011 000000000

つまり，上位 22 ビットが同一である．これを 210.137.120/22 と表現してCIDR では 210.137.120/22 というアドレスを 1 個割り当てられたとする．この場合，割り当てられるアドレスの合計は 254 × 4 = 1016 となる．これだけあ

210	137	120	0
210	137	121	0
210	137	122	0
210	137	123	0

図 9.17　210.137.120/22

れば，サブネットで分割してかなりの数のセグメントを構成でき，各部署に割り当てられる．

　これは CIDR とかスーパーネッティングと呼ばれ，ネットワーク部の下位 2 ビットの組合せが 00,01,10,11 の 4 種類になるように選定してある点がポイントである．もちろん 2 ビットに限らず 3 ビットの組合せを用いて 8 種類にすることもできる．

問題 9.9　OSI 基本参照モデルの 7 層のうち，物理層のレベルでネットワーク同士を接続し，信号の増幅及び再生の機能だけを持つ装置はどれか（2 種既出）．
　　　ア　ゲートウエイ　　　イ　トランシーバ　　　ウ　ブリッジ
　　　エ　リピータ　　　　　オ　ルータ

問題 9.10　複数の LAN を接続するために用いる装置で，ネットワーク層以上のプロトコルには依存せず，データリンク層（正しくはその中の MAC 副層）のアドレスに基づいてデータを受渡しする装置はどれか（1 種既出）．
　　　ア　ゲートウエイ　　　イ　ターミネータ　　　ウ　ブリッジ
　　　エ　リピータ　　　　　オ　ルータ

第10章

オペレーティングシステム

10.1 OS

オペレーティングシステム（OS：Operating System）は，一般に基本ソフトウエアと呼ばれている．Windows 2000 はパソコン OS の 1 つで，これらの OS がなければ "Word" や "Excel" などは機能しない．OS（オーエス）の目的は，各種ハードウエア資源やその他の資源を有効活用することによってシステム全体の性能や生産性を向上させようとするものである．舞台上の演技をワープロ，表計算，給与計算などの各種アプリケーションソフトウエアとすれば，その演技の舞台装置を OS と考えることができる．

広義の OS には，コンパイラやアセンブラなどの言語処理プログラムが含まれるが，一般に OS といえば狭義の OS を意味し，

　　　　　OS ＝ 制御プログラム

の関係にあって，タスク管理，ジョブ管理，データ管理等の各種管理ソフトウエアで構成されている．その制御プログラムの核になるところはカーネルと呼ばれ，各種管理機能はカーネルに属している．したがって，カーネルモードとかスーパーバイザモードで動作する制御プログラム群を狭義の OS という．その制御プログラムの 3 大管理機能がタスク管理，ジョブ管理，データ管理で，そのほかの管理機能として，記憶管理機能，入出力管理機能，通信管理機能，運用管理機能，障害管理機能などがある．

10.2　タスク管理

　カーネルの各管理機能はどれも重要な役割を担っているが，とりわけその中心に位置して重要なものがタスク管理である．ユーザの代理でCPUを割り当ててハードウエア資源を運用する単位をタスク（task）といい，CPUを効率的に割り当ててハードウエア資源を効率的に運用することをタスク管理とかプロセス管理という．CPUの割当てはディスパッチャ（dispatcher）が行う．

●タスク（プロセス）の遷移●

　図10.1に示しているようにタスクの遷移には，実行可能状態，実行状態，待ち状態の3状態がある．

　① **実行可能状態**
　　　タスクが投入されて，CPUが割り当てられるのを待っている（ready）状態．
　② **実行状態**
　　　投入されたタスクにCPUが割り当てられて実行中の状態．
　③ **待ち状態**：これはready状態ではなく，wait状態である．つまり，入出力命令などが実行されて，入出力動作待ちなどで停止している状態．

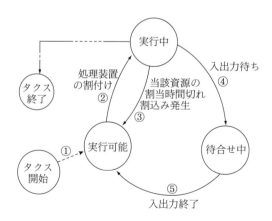

図10.1　タクスの状態遷移

●ディスパッチとプリエンプション●

　実行中のタスクに割り当てられた時間が終了して，実行可能状態にあるタスクに切り替えられることをディスパッチングという．TSS のように一定時間間隔で切り替える方式を**タイムスライス**（time slice）**方式**といい，何らかの割込み等の環境の変化をトリガー（trigger：引き金）として CPU を実行可能状態のタスクに切り替える方式を**イベントドリブン**（event driven）**方式**という．実行中のタスクが優先順位の高いタスクに切り替えられることをプリエンプション（preemption）という．

　時間切れにせよプリエンプションにせよ，実行可能常態にある複数のタスクに CPU を割り当てるにはいくつかのルールがある．これをプロセススケジューリングとかタスクスケジューリングという．優先順位順を貫徹すると，最も低い順位のタスクは，いつまで経っても実行状態にならないという**スタベーション**（starvation：飢餓）の状態になる．そこで，一定期間待っているタスクの優先順位を上げて実行させる．これを**エージング**（aging, ageing）という．

●ラウンドロビン方式●

　プロセススケジューリングの方法の１つにラウンドロビン（round robin, RR）方式（図 10.2）がある．これは優先順位の高いタスクから順番に実行されるが，その実行時間は一定時間に定められていて，その付与時間を過ぎると次のタスクに順次まわる方式である．これは TSS のスケジューリングに適し，長く待たされているタスクを実行させることができるので，スタベーションを避けることができる．ところで，実行可能状態にあるタスクには，CPUだけを割り当てれば主記憶装置などの他の資源を与えなくても実行できる処理単位がある．これを**スレッド**とか**軽量プロセス**という．

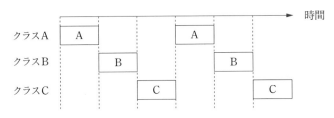

図10.2　ラウンドロビン方式（優先順位で時分割）

【例題10.1】　プロセスAとBが次のような時間経過で処理をする．CPUと I/O装置のタイムチャートを書き，CPUの使用率を求めよ．ただし，実行条件として，CPUは5ミリ秒ごとのラウンドロビン方式で，プロセスAがBより優先度が高く，I/O装置は1台で，同時処理ができない（1種既出）.

プロセスA：CPU（10ミリ秒）—→ I/O（20ミリ秒）

プロセスB：CPU（20ミリ秒）—→ I/O（10ミリ秒）

	0	5	10	15	20	25	30	35	40	45
CPU	A	B	A		B					
I/O						A			B	

CPUの使用率 ＝ 30ミリ秒 ÷ 45ミリ秒 ＝ 約0.67（67％）

問題10.1　次の各文は何を簡単に説明したものか，解答群から適当な語句を選べ．

(1)　実行可能状態にあるタスクに切り替えられること．

(2)　何らかの割込み等をトリガーとしてCPUを実行可能状態のタスクに切り替える方式．

(3)　実行中のタスクが優先順位の高いタスクに切り替えられること．

(4)　実行可能常態にある複数のタスクにCPUを割り当てるルール．

(5)　優先順位順を貫徹すると最も低い順位のタスクはいつまで経っても実行状態にならない状態．

(6)　一定期間待っているタスクに優先順位を上げて実行させる．

(7)　優先順位の高いタスクから順番に実行されるが，その実行時間はタイムスライスされていて，その付与時間を過ぎると次のタスクが実行される．

(8)　CPUのみを割り当ててできる処理単位．

解答群

a　プリエンプション　　　　b　スタベーション

c　ディスパッチング　　　　d　タスクスケジューリング

e　イベントドリブン方式　　f　スレッド（軽量プロセス）
g　ラウンドロビン方式　　　h　エージング

(1)	(2)	(3)	(4)	(5)	(6)	(7)	(8)

問題 10.2　プロセスAとBが次のような時間経過で処理をする．CPUと2個
のI/O装置のタイムチャートを書きなさい．ただし，実行条件と
して，CPUは10ミリ秒ごとのラウンドロビン方式で，プロセスA
がBより優先度が高く，I/O装置は2台あって，同時処理ができ
る．

　　　　　プロセスA：CPU（10ミリ秒）──→ I/O（20ミリ秒）

　　　　　　　　　　　──→ CPU（20ミリ秒）──→ I/O（20ミリ秒）

　　　　　プロセスB：CPU（20ミリ秒）──→ I/O（30ミリ秒）

●タスクの排他制御●

　複数の処理が同時に同一の資源をアクセスできないように，相互に排除する
ことを排他制御という．もし同時にアクセスすると互いに譲れないので，永久
に処理の中断ということになる．つまりデッドロック状態になる．実際にはプ
ロセス間通信によってプロセス間の同期を取っている．その機構は，**セマフォ**
（semaphore）といい，複数のタスクが同時に動作する場合，共有資源に対す
るアクセスの相互排除を実現する．そのことによって共有資源の使用を可能に
している．

問題 10.3　プロセスの相互排除（排他制御）に用いられるものはどれか（2種
既出）．

　　　ア　コンテンション　　　　イ　セマフォ
　　　ウ　チェックポイント　　　エ　ハッシュ

10.3　ジョブ管理

　図 10.3 はコンパイラ型言語で作成されたプログラムの実行順序をジョブステップで示している．ジョブ（job）はユーザからみた仕事の単位で，かつての汎用コンピュータシステムでのプログラム実行の概念である．

　作成された元のプログラムを**ソースプログラム**（source program）とか**原始プログラム**という．これをプログラム作成に使用した言語（たとえば FORTRAN）のコンパイラ（compiler）でコンパイルして**オブジェクトモジュール**（object module）に変換する．このオブジェクトモジュールはリンカ（linker）などの連携・編集プログラムを使用して必要なサブルーチンや外部関数などを連携しアドレスを定めて実行可能な**ロードモジュール**（load module）を生成する．

　ジョブはコンピュータにさせる仕事の単位で，いくつかのジョブステップに

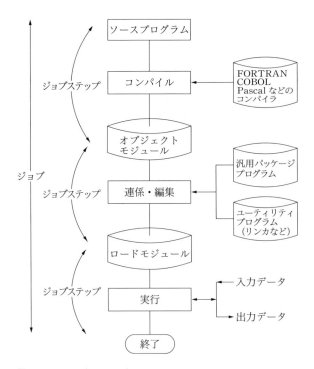

図 10.3　ジョブステップ

より構成されている．これらのジョブステップ間にはジョブ制御言語（JCL: Job Control Language）を使用する．JCLによって，これから実行しようとするジョブの名前，CPUの使用時間，記憶領域の指定等の実行制御情報，ファイル情報等を指定する．一般にコンピュータシステムは，複数のジョブが投入されるマルチプログラム環境にある．この場合のジョブ管理は，JCLを待ち行列に入れて各資源の効率的な運用を考えて優先権を決定する．これをスケジューリング（scheduling）という．この手順はかなり複雑になるので，これらのコマンド群をファイルにしてライブラリ（ジョブ制御マクロ）として登録して使用する．これを**カタログプロシジャ**（cataloged procedure）という．

　ところでCPUの処理速度は極めて速い，それに比較すると入出力装置の処理速度は極端に低速である．このような環境で100人がほぼ同時にジョブを投入したとしよう．本来なら1人の処理が完全に終了してから次の人のジョブを実行することになるが，入出力データはいったん磁気ディスク装置などの補助記憶装置にバッファリング（buffering：緩衝記憶）されて，入出力装置によって順次実行される．つまり，高速なCPUと低速な入出力装置とのスピードギャップを埋めるためにハードディスクなどを仮想の入出力装置として用いる方法で，周辺装置がCPUに対して独立平行的に動作する．このような機能を**スプーリング**（spooling）という．これによってシステムのスループットとターンアラウンドタイムが向上する．なお，ターンアラウンドタイムはバッチ処理の概念として，レスポンスタイムはリアルタイム処理の概念として用いられることが多い（図10.4）．

　スループット（through-put）：単位時間あたりの処理能力．

　ターンアラウンドタイム（turn around time）：ユーザがジョブを投入してから，印刷などの結果出力までの全処理時間．

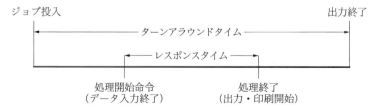

図10.4　ターンアラウンドタイムとレスポンスタイム

レスポンスタイム（response time）：システムに処理開始命令をして処理が終了するまでの時間で，印刷などの出力に要する時間は含まない．

問題 **10.4**　スプーリングに関して，最も適切な記述はどれか（2 種既出）．
　　　　ア　相手装置や通信ネットワークに関係なく，統一的な通信手順を提供する．
　　　　イ　外部記憶装置を用いて，主記憶装置より大きな仮想記憶を提供する．
　　　　ウ　コンピュータシステムの運転経過の情報を記録する．
　　　　エ　周辺装置の動作を処理装置の動作と独立に並行して行わせる．
　　　　オ　物理レコードを意識することなく，論理レコード単位での処理を可能にする．

10.4　データ管理

　データ管理はファイル管理ともいい，磁気ディスク装置などの補助記憶装置に格納するファイルの形式を管理して各種情報を効率的に扱えるようにすることである．具体的には，順編成ファイル，直接編成ファイル，索引編成ファイル，区分編成ファイル，VSAM 編成ファイルなどのファイル編成，レコードのブロック化・非ブロック化，ファイル編成に対応したレコードの入出力方法，ファイルに関する情報を記録しているカタログ情報の管理などを行う．

10.5　言語処理プログラム

　プログラム言語（FORTRAN，COBOL，C，…）で作成されたプログラムは，コンピュータが理解できる機械語に翻訳されて実行される．それにはいくつかの種類があり，それらを総称して言語処理プログラムという．

（1）　アセンブラ

　CASL などのアセンブル言語で作成したソースプログラムを機械語のオブジェクトプログラムに変換するプログラムを**アセンブラ**（assembler）という．アセンブラはそれぞれの CPU に 1 対 1 で対応している．

(2) コンパイラ

FORTRAN，COBOL，PL/I，Cなどの高水準言語で作成されたソースプログラムをオブジェクトプログラムに翻訳（compile）するプログラムを**コンパイラ**（compiler）とう.

(3) クロスコンパイラ

別のコンピュータのためのオブジェクトプログラムを作成するコンパイラを**クロスコンパイラ**（cross compiler）という.

(4) コンパイラコンパイラ

コンパイラを生成するコンパイラを**コンパイラコンパイラ**（compiler-compiler）という.

(5) インタプリタ

ソースプログラムの命令を一文ごとに解釈（解析）しながら実行する方式のプログラム言語をインタプリタ言語といい，それを解釈実行するプログラムを**インタプリタ**（interpreter）という．言語の自習に適していることから，いろいろなインタプリタ言語が市販されている.

(6) クロスアセンブラ

別のコンピュータのためのアセンブラプログラムを作成するアセンブラを**クロスアセンブラ**（cross assembler）という.

(7) ジェネレータ

ジェネレータ（generator）はプログラム作成ルーチンとも呼ばれ，入出力条件，処理条件などの諸条件をパラメータ形式で与えると，自動的にプログラムを作成してくれるプログラムである.

(8) トランスレータ

トランスレータ（translator）は，別のプログラム言語のプログラムに変換する．たとえば，あるコンピュータ用のプログラムを別のコンピュータ用プログラムに変換する.

(9) シミュレータ

ある機種のプログラムを機械語の異なる他の機種のプログラムに変換して，変換前の機種で実行した結果と同一の結果を得るためのプログラムを**シミュレータ**（simulator）という.

(10)　エミュレータ

エミュレータ（emulator）はシミュレータを ROM に書き込んでファームウエア化したもので，シミュレータの処理速度が向上する．

(11)　プリプロセッサ

コンパイラで翻訳・解読できない擬似命令等をコンパイルに先立って処理してコンパイル可能な命令群に変換するプログラムを**プリプロセッサ**（preprocessor）という．

問題 10.5　原始プログラムの命令を 1 文ごとに解釈・解析しながら実行するものはどれか答えよ．
　　　1　インタプリタ　　　2　コンパイラ　　　3　クロスコンパイラ
　　　4　クロスアセンブラ　　　5 アセンブラ

問題 10.6　ある計算機で作成されたプログラムを別な計算機のオブジェクトプログラムに翻訳するプログラムはどれか答えよ．
　　　1　インタプリタ　　　2　コンパイラ　　　3　クロスコンパイラ
　　　4　クロスアセンブラ　　　5　アセンブラ

10.6　コンパイルの手順

●原始プログラムの解析●

コンパイラは，原始プログラムを機械語のプログラムであるオブジェクトコードに変換する．その手順を図 10.5 に示している．コンパイラは，原始プログラムを 1 行単位で読み込んで，規定のコード表に従って 1 文字づつ変換する．たとえば，"READ"なら次のようになる（16 進表示）．

　　　READ　⟶　52　45　41　44

(1)　字句解析

字句解析では原始プログラムを命令や演算子などの字句に分解する．たとえば，原始プログラムに次のような命令文があるとしよう．なお，↓は命令文の終わりを示す．

　　　S = (A + B) ＊C/2.0 ↓

コンパイラは，まずこの命令文の各文字を左から調べて"S"が変数，"="

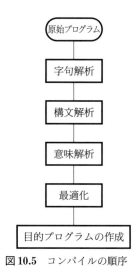

図 10.5 コンパイルの順序

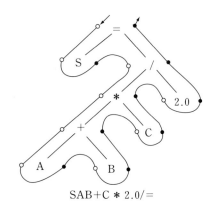

SAB+C＊2.0/＝

図 10.6 解析木

が代入記号，" ("がかっこ，"A"が変数，"＋"が演算子などのように命令
文を解析する．そして，プログラムに含まれる変数，定数，演算子などを分類
して作表する．この作業が字句解析（lexical analysis）である．

　(2) 構文解析と中間コードの生成

　構文解析（syntax analysis）は，1つの命令文（複数行もある）の各変数
や定数および記号などが，どのような順序で構成されているのかを調べること
である．具体的には図 10.6 に示したような木を作成する．この木を解析木
（パースツリー：parse tree）という．解析木は木の根から左回りで枝を囲む
ように走査する．このとき，より深い枝に沿って深さ優先のたどり方をする．
そして，同じ変数や記号を 2 度見たとき • 印をつけて，その変数や記号を書き
出す．この例では，次の式が得られる．

　　　　SAB ＋ C＊2.0/ ＝

この記法を逆ポーランド記法という．この式を元の式に復元するには，まず式
の左から見て，演算子に出会うとその演算子の直前の 2 つの変数や項に対して
順次演算する，という手法を適用すればよい．

●機械語の生成●

原始プログラムに対する一連の解析が終了すると，次の段階は，中間言語による中間コードの生成である．中間コードの生成は，コードの最適化を行えるようにするのが目的である．

(1) 意味解析

意味解析（semantic analysis）は，変数の属性と演算式の対応や関数の引数のチェックなど，プログラムの意味を解析する．

(2) 最適化

最適化というのは，コンパイルしてできるオブジェクトコードをより効率のよいものにすることである．具体的には，中間コードを分析して演算の順序を変更するとか，冗長があればそれを省くなどの操作をする．

(3) オブジェクトコードの生成

中間コードから機械語のオブジェクトコードを生成する．このオブジェクトコードを実行するには，リンカと呼ばれる連係編集プログラムの助けを借りて，必要な実行時ルーチン（プログラム）と結合しなければならない．

●逆ポーランド記法●

逆ポーランド記法（reverse Polish notation）は，演算子（＋，－，＊，／）を対象となる数値や変数の右側に書く方法で，後置表記法ともいう．

$$A+B \longrightarrow AB+ \qquad A-B \longrightarrow AB- \qquad A*B \longrightarrow AB*$$
$$A/B \longrightarrow AB/$$

A＋Bは，（変数，変数）演算子と考えて，$(A,B)+$とする．そして，"()"と","をはずしてAB＋を得る．同様に，$(A+B)*C$は$((A,B)+,C)*$となるので，"()"と","をはずしてAB＋C＊を得る．

したがって，計算式は次のように表現される．

$$X = (A+B)*(C-D) \longrightarrow XAB+CD-*=$$
$$X = (A+B)*E+(C-D)/F \longrightarrow XAB+E*CD-F/+=$$
$$X = A*(B+C)/D+E \longrightarrow XABC+*D/E+=$$

●ポーランド記法●

ポーランド記法（Polish notation）は，演算子（＋，－，＊，／）を対象と

なる数値や変数の左側に書く方法で前置表記法ともいう．

$A+B \longrightarrow +AB \qquad A-B \longrightarrow -AB \qquad A*B \longrightarrow *AB$

$A/B \longrightarrow /AB$

A+B は，演算子 (変数，変数) と考えて，$+(A,B)$ とする．そして，"( )"と"，"をはずして +AB を得る．同様に，$(A+B)*C$ は $*(+(A,B),C)$ となるので，"( )"と"，"をはずして $*+ABC$ を得る．

したがって，計算式は次のように表現される．

$X = (A + B) * (C - D) \qquad \longrightarrow \quad = X * + AB - CD$

$X = (A + B) * E + (C - D)/F \longrightarrow = X + * + ABE / - CDF$

$X = A * (B + C)/D + E \qquad \longrightarrow \quad = X + / * A + BCDE$

問題 10.7 式 $(A + B)/C - D$ を逆ポーランド記法で表現したものはどれか答えよ（1種既出）．

ア　AB+C/−D 　　　イ　AB+C/D− 　　　ウ　ABCD+/−

エ　DCBA+/−

問題 10.8 逆ポーランド記法で表現した AB+C/D− が表す式を答えよ．

ア　(A+B)/C−D 　　　イ　(A−B)/D+C 　　　ウ　(D−C)/B−A

エ　(D+C)/B−A

問題 10.9 手続き形言語のコンパイラにおける処理を順に並べたものとして，正しいものはどれか（2種既出）．

ア　意味解析 → 字句解析 → 構文解析 → 最 適 化 → コード生成

イ　意味解析 → 字句解析 → 最 適 化 → 構文解析 → コード生成

ウ　構文解析 → 字句解析 → 意味解析 → 最 適 化 → コード生成

エ　字句解析 → 意味解析 → 最 適 化 → 構文解析 → コード生成

オ　字句解析 → 構文解析 → 意味解析 → 最 適 化 → コード生成

10.7　プログラムの属性

プログラムの属性というのは，プログラムが主記憶装置上にどのように置かれてどのように使用されるかということである．普通プログラムは主記憶装置の任意のアドレスに格納して実行できる．これを再配置可能とかリロケータブ

ルという．プログラムの利用の面からはプログラムの再使用，再入，再帰がある．プログラムの共有については，再使用不可では共有不可で，再使用可能では共有可である．

再使用不可：主記憶に置かれたプログラムは，一度実行すると初期値の設定が変更になる．そのようなプログラムは，再度元のロードモジュールを主記憶装置にロードしてから実行しなければならない．このようなプログラムを再使用不可という．この場合，複数のプロセスによるプログラムの共有はできない．

再使用可能：再使用不可のプログラムでも再実行に先立って初期値の再設定ルーチンを起動すると，再度プログラムをロードしなくても使用できるようになる．そのようなプログラムを再使用可能という．

再入可能：これはサブルーチンなどのモジュールが同時に複数のタスク（プロセス）によって使用できることを再入可能とかリエントラント（reentrant）であるという．そのためには実行中に自分の内容を変更されないようにタスク単位で格納しておかなければならない．

再入不可：実行中のプログラムが，自らの内容が変更するため別なタスクが使用できないように排他制御がかけられたモジュールを再入不可とか逐次再使用可能という．これは排他制御されているためにタスクが同時処理することは不可能であるが，逐次に処理できるということである．

再帰的プログラム：再帰的プログラム（recursive program）は，プログラム中で自分自身（今使用しているプログラム）を呼び出して使用するものである．

問題 10.10　あるタスクが実行中も，モジュールを他のタスクが同時に実行できるプログラムの属性を答えよ（1種既出）．
　　ア　再使用不可　　　　イ　再使用可能　　　ウ　再入可能
　　エ　再入不可

問題 10.11　変数をタスク単位で格納しておかなければならないプログラムの属性はどれか答えよ（1種既出）．
　　ア　再使用不可　　　　イ　再使用可能　　　ウ　再入可能
　　エ　再入不可

問題 10.12 内容保持のために排他制御がされているために逐次に再使用可能なプログラムの属性はどれか答えよ（1種既出）.

　　　ア　再使用不可　　　　イ　再使用可能　　　　ウ　再入可能

　　　エ　再入不可

問題 10.13 プログラムの共有が可能なプログラムの種類は次のどれか答えよ（1種既出）.

　　　ア　再使用不可プログラム　　　　イ　再使用可能プログラム

　　　ウ　再入可能プログラム

第11章

仮想記憶方式

11.1 主記憶管理

　OS の重要な役割の 1 つに主記憶管理がある．ハードディスク装置などにあるプログラムもそれが実行されるには，最終的には主記憶装置に置かれる．その主記憶装置の記憶領域を主記憶領域，主記憶空間，実記憶領域，実記憶空間などという．その管理には単一連続割り当て方式，固定区画方式，可変区画方式などがある．また，これらとは異なる概念であるが，オーバレイ構造がある．

●単一連続割り当て方式●

　単一連続割り当て方式は，主記憶領域を 1 つのプログラムが占有して実行するもので，もっとも単純な方式である．

●固定区画方式●

　固定区画方式は，主記憶領域を一定の大きさの区画（パーティション）に区切って，その区画にプログラムを置いてマルチプログラミング（複数のプログラム）を実行するものである．このプログラムの配置は**静的再配置**（static relocation）といい，区画サイズより小さいプログラムを置くことになるので，図 11.1 のように他に使用できない余り部分ができる．これを主記憶領域の断片化とか**フラグメンテーション**（fragmentation）という．このフラグメンテーションが増加すると，空きメモリの合計容量は十分あるが，個々の連続した空きメモリがタスクの獲得要求に満たないということが発生する．これは

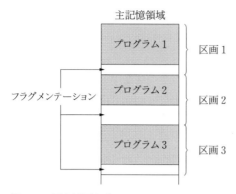

図 11.1　固定区画方式

主記憶領域の使用効率が良くないことを意味する．そこでこのフラグメンテーションを集めて使用可能な領域にすることが考えられた．これを**コンパクション**（compaction）という．

●可変区画方式●

可変区画方式は，主記憶領域に区画を決めないで，プログラムの実行に応じて必要な領域を区画として割り当てる．これを動的に割り当てるといい，このプログラムの配置を動的再配置（dynamic relocation）という．動的再配置によって，静的再配置のようなフラグメンテーションがなくなり，主記憶装置の使用効率は向上する．その反面その制御は OS の役割であり，OS の負担は増大する．これを OS のオーバヘッドが大きくなるという．

●オーバレイ構造●

オーバレイ構造は，実行しようとするプログラムが大きくて，主記憶領域に格納できない場合，主ルーチンとか使用頻度の高い部分をまず主記憶領域に置いて，その他の部分はハードディスクなどの補助記憶装置に置く，そして必要に応じて主記憶に取り出して実行する方式である．これは仮想記憶方式が採用される以前の方式である．

11.2　仮想記憶方式

　コンピュータで情報処理を行う場合，そのプログラムは原則として主記憶装置に置かれて実行される．しかし，かつて主記憶装置の記憶容量は数メガバイトで，限界があった．そこでハードディスク装置のような直接アクセス記憶装置と主記憶装置を連携して，ハードディスク装置を見かけ上記憶容量の大きな主記憶装置にする方式が考案された（図11.2）．これが**仮想記憶方式**（virtual storage）である．

　コンピュータが大きなプログラムを実行する場合でも，一度に必要とするプログラムはせいぜい数キロバイト程度である．また，プログラムの実行に際し，特定の命令群が頻繁に使用されるという性質がある．これをプログラムの**局所性**（locality）という．そこでプログラムをまずハードディスク装置に格納して，必要に応じてブロック単位で主記憶装置に読み込んで処理する．これはあたかも主記憶装置上ですべてのプログラムが実行されているようにみえるので，これを仮想記憶方式という．

　この場合，ハードディスク装置の記憶空間を仮想記憶空間といい，主記憶装置の記憶空間を実記憶空間という．仮想記憶方式では，プログラムの実行に際して，仮想記憶空間の仮想アドレスを実記憶空間の実アドレスに対応させる必要がある．このアドレス変換機構を**動的アドレス変換機構**とか **DAT**（Dynamic Address Translation）**機構**といい，TLB（Translation Look-aside Buffer）などの高速ハードウエアで構成されている．TLB は，CPU 内に仮想アドレスの先頭アドレスとそれに対応する実記憶領域のページフレームの先頭アドレスの対応表を，高速のバッファ記憶の形で登録している．

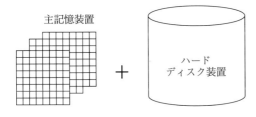

図 **11.2**　仮想記憶装置

11.3　アドレス変換の方法

●ページング方式●

　ページング（paging）方式は，図11.3に示しているように主記憶領域と仮想記憶領域を数キロバイトの固定ページに論理的に分割して，主記憶領域のページと仮想記憶領域のページの変換をページ・テーブルと呼ばれるアドレス変換対応表によってアドレスを変換する．

　この方式ではページが小さい固定ページであることから，必要になったページが実記憶上にない場合が発生する．これを**ページフォールト**（page fault）いい，割り込みを発生させて仮想記憶上から読み込まなければならない．これを**ページイン**という．またそれにともない主記憶上から仮想記憶上へページを

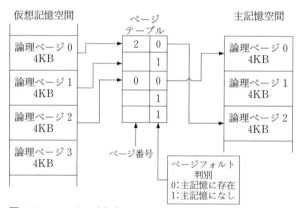

図11.3　ページング方式

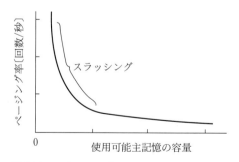

図11.4　スラッシング

書き出さなければならない．これを**ページアウト**という．

　ページイン，ページアウトは，ページに割り当てた主記憶領域が小さいと，図11.4に示したようにその回数は指数関数的に多くなる．これを**スラッシング**（slashing）という．このページの入れ替えをページ・**リプレイスメント**（page　replacement）といい，スラッシングをできるだけ少なくするためにFIFO（First In First Out）やLRU（Last Recently Used），およびLFU（Least Frequently Used）などのページングアルゴリズムが採用されている．

　FIFO：参照（利用）された順にページアウトする（先入れ先出し）．

　LRU：もっとも長い時間参照（利用）されていない順にページアウトする．

　LFU：参照回数のもっとも少ないページをページアウトする．

【例題 11.1】　FIFO方式の仮想記憶管理システムで，ページ参照列2，3，5，8，2，3，6，2，3，5，1，6で処理した．ページインとページアウトはそれぞれ何回発生するか求めよ．ただし，主記憶装置のページ枠数を4とする．

ページイン	2	3	5	8			6	2	3	5	1	6
ページ枠1	②	2	2	2	②	2	⑥	6	6	6	①	1
ページ枠2		③	3	3	3	③	3	②	2	2	2	⑥
ページ枠3			⑤	5	5	5	5	5	③	3	3	3
ページ枠4				⑧	8	8	8	8	8	⑤	5	5
ページアウト							2	3	5	8	6	2

　［解答］　ページイン：10回　　ページアウト：6回

【例題 11.2】　LRU方式の仮想記憶管理システムで，ページ参照列2，3，5，8，2，3，6，2，3，5，1，6で処理した．ページインとページアウトはそれぞれ何回発生するか求めよ．ただし，主記憶装置のページ枠数を4とする．

ページイン	2	3	5	8			6			5	1	6
ページ枠1	②	2	2	2	②	2	2	②	2	2	2	⑥
ページ枠2		③	3	3	3	③	3	3	③	3	3	3
ページ枠3			⑤	5	5	5	⑥	6	6	6	①	1
ページ枠4				⑧	8	8	8	8	8	⑤	5	5
ページアウト							5			8	6	2

　［解答］　ページイン：8回　　ページアウト：4回

【例題 11.3】　LFU 方式の仮想記憶管理システムで，ページ参照列 2，3，5，8，2，3，6，2，3，5，1，6 で処理した．ページインとページアウトはそれぞれ何回発生するか求めよ．ただし，主記憶装置のページ枠数を 4 とし，参照回数が同一の場合は，ページ番号の小さいページをページングする．

ページイン	2	3	5	8			6			5	1	6
ページ枠1	②	2	2	2	②	2	2	②	2	2	2	2
ページ枠2		③	3	3	3	③	3	3	③	3	3	3
ページ枠3			⑤	5	5	5	⑥	6	6	⑤	①	⑥
ページ枠4				⑧	8	8	8	8	8	8	8	8
ページアウト							5			6	5	1

　　［解答］　ページイン：8 回　　　ページアウト：4 回

問題 11.1　FIFO 方式の仮想記憶管理システムで，ページ参照列 4，3，2，1，4，3，5，4，3，2，1，5 で処理した．ページアウトは何回発生するか求めよ．ただし，主記憶装置のページ枠数を 4 とする．

問題 11.2　スラッシングとその原因を簡単に説明せよ．

●セグメント方式●

　セグメント（segment）方式は，記憶領域をプログラム，サブルーチン，データなどの処理単位でセグメントと呼ばれる領域（可変長：最大 64 KB）で管理する方式で，大きさが処理単位であることからページング方式におけるスラッシングは減少して処理効率が向上する．処理効率は向上するが，セグメントが可変長であるということは，メモリ管理のための OS の負担が大きくなるということを意味する．アドレス変換はページング方式におけるページ・テーブルと同様にセグメント・テーブルを用いる．なお，セグメント方式には，1 つのセグメントの大きさを 64 キロバイトの固定として，セグメントレジスタで切り替える方式もある（図 11.5）．

●セグメントページング方式●

　セグメントページング方式は，セグメント方式とページング方式を採用した方式で，両方の長所を採用しようとするものである．この方式におけるセグメ

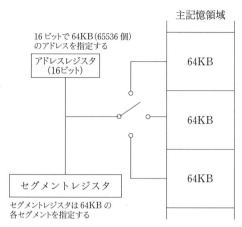

図 11.5 セグメント切り替え方式

セグメント番号 (8 ビット)	ページ番号 (4 ビット)	ページ内アドレス（変位） (12 ビット)

図 11.6 仮想アドレスレジスタ

ントは，たとえば 4 キロバイトのページを 16 個単位で 1 つの固定セグメント（4 × 16 = 64 キロバイト）を構成し，そのセグメント単位で仮想記憶領域を論理的に分割する．256 個のセグメントを 1 つのセグメントテーブルで管理し，各セグメントはセグメントテーブルで指定する．そのセグメントテーブル内のページはページテーブルで管理する．図 11.6 の例は，下位 12 ビットでページ内アドレス（変位）を指定，その上の 4 ビットでセグメント内の 16 個のページを指定，さらにその上の 8 ビットで 256 個の各セグメントを指定する場合である．

　1 個のセグメントテーブルで 256 個のセグメントを管理すると上記のセグメントサイズでは，4 K バイト × 16 × 256 = 16 M バイトになる．これが**単一仮想記憶**（single virtual storage）のサイズである．ここで，複数のユーザプログラム（マルチジョブ）を効率よく実行するためにセグメントテーブルを複数にすることが考えられる．これを**多重仮想記憶**方式（multiple virtual storage）という．ここで 256 個のセグメントテーブルを使用したとすると，16 M バイト × 256 = 4 G バイトになる．最近では 32 ビット長のうち，31 ビットを

仮想アドレスとして使用できるようにして，単一で2GB（＝2^{31}）の仮想空間を実現している例がある．

問題11.3 ページング方式を用いて仮想記憶を実現しているシステムにおいて，スラッシングが発生しているときの状況はどれか（2種既出）．

ア CPUの利用効率は高く，主記憶と補助記憶との間のページ転送量は多い．

イ CPUの利用効率は高く，主記憶と補助記憶との間のページ転送量は少ない．

ウ CPUの利用効率は低く，主記憶と補助記憶との間のページ転送量は多い．

エ CPUの利用効率は低く，主記憶と補助記憶との間のページ転送量は少ない．

問題11.4 仮想記憶におけるページ置換えアルゴリズムの1つであるLRUを説明した記述はどれか（2種既出）．

ア あらかじめ設定されている優先度が最も低いページを追い出す．

イ 主記憶に存在している時間が最も長いページを追い出す．

ウ 主記憶に存在している時間が最も短いページを追い出す．

エ 最も長い間参照されていないページを追い出す．

問題11.5 動的アドレス変換の説明として最も適切なものはどれか（2種既出）．

ア 仮想記憶システムにおいて，仮想アドレスから実アドレスへの変換を行うこと．

イ 実行中のプログラムを移動して新しい場所で実行できるように，プログラムの基底アドレスを変更すること．

ウ 主記憶に対する読み書きを，キャッシュメモリで代行すること．

エ プログラムの実行途中にモジュールを追加するため，モジュール間のアドレス参照を解決すること．

問題 11.6 仮想記憶に関する記述のうち，正しいのはどれか（2種既出）．

ア 16ビットマシンでは，アドレス空間が小さいので仮想記憶が必要になるが，32ビットのマシンでは，アドレス空間が大きいので仮想記憶は必要ない．

イ 仮想記憶を採用した場合，プログラムの実行時のアドレスを前もって決めることができないので，動的リンク機能を使ってプログラムを実行する．

ウ 実装された主記憶の容量を越えるアドレス空間の部分を補助記憶装置に割り付ける．

エ プログラムの実行時にページ表（またはセグメント表）を使って，論理アドレスを物理アドレスに変換する．

第12章

システムの評価

12.1 システムの種類

　単一のコンピュータシステムは**シンプレックスシステム**（simplex system）と呼ばれ（図 12.1），一般に小規模の簡単な構成である．そのために故障の場合の代替システムは考慮されていない．したがって，信頼性の高いシステムとはいえない．代替システムを考慮していないものとして**タンデムシステム**（tandem system）がある（図 12.2）．これは CPU の前に前処理装置（FEP：Front End Processor）と CPU の後に後処理装置（BEP：Back End Processor）を縦に連結したシステムである．FEP と BEP によって CPU の負担を軽減して効率的な処理を実現しているが，代替システムを考慮していないので，これも高信頼性システムとはいえない．

●デュプレックスシステム●

　デュプレックスシステム（duplex system）は，図 12.3 に示すように CPU

図 **12.1**　シンプレックスシステム

図 **12.2**　タンデムシステム

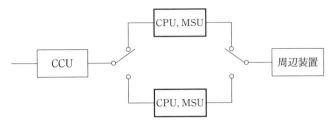

図 12.3　デュプレックスシステム

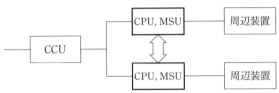

図 12.4　デュアルシステム

や MSU（主記憶）などの最重要部分を二重にした構成になっている．平常時は片方のシステムのみを運用し，故障などの場合には切り替えて運用する．そのほかに一方をオンラインシステムとして使用して，他方をバッチ（一括）処理システムとして効率的に運用する場合もある．一方が故障した場合，瞬時に予備機にスイッチできるように準備状態で待機しているシステムをホットスタンバイシステム（hot stand-by system）という．

●デュアルシステム●

　デュアルシステム（dual system）は，図 12.4 に示すように 2 台の処理装置を常時稼動して双方に同一の処理をさせる．そして，互いにその結果を照合して一致すれば正常処理として結果を出力する．一方が故障すると，故障したシステムは切り離されて残り 1 台で運用する．

●フォルトトレラントシステム●

　フォルトトレラント（fault tolerant）技術は，耐故障技術と訳されているが，システムが故障しても事実上システムの運用には影響をおよぼさないようにする概念である．具体的にはシステムを二重，三重にしてシステムの信頼性

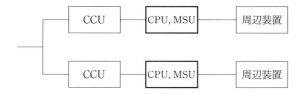

図 12.5 フォルトトレラントシステム

を維持して安全（セーフ）に運用しようする**フェイルセーフ**（fail safe）や，故障個所を切り離して縮腿運転により性能をやや低下させても柔軟（ソフト）に対処しようとする**フェイルソフト**（fail soft）などの技術がある．したがって，フォルトトレラントシステムは図12.5に示されているようにCPUやMSUだけでなくチャネル装置やCCUも周辺装置も完全二重化して，デュアルシステムよりさらに信頼性を向上している．

問題 12.1　2台の処理装置を同時運用して，それぞれの処理結果を比較して故障か正常かを検出できるシステムは次のどれか答えよ．
1　タンデムシステム　　　2　デュプレックスシステム
3　デュアルシステム

問題 12.2　システムを二重，三重にして，システムの一部分が故障した場合，システムを停止せずに運用を継続するのは次のどれか答えよ．
1　フェイルアウト　　　2　フェイルセーフ
3　フェイルソフト

12.2　RASIS

RASIS（ラスアイス，レイシス，ラスアイエスなどと読む）は，次に示す信頼性，可用性，保守容易性，保全（万全）性，機密（安全）性を意味する．
①　**R　信頼性**（Reliability）：MTBF
システムがどの程度故障をせずに稼働するかを示す．
②　**A　可用性**（Availability）：稼働率 A
処理要求に対して，システムをいつも使用できるかどうかを示す．

③　**S　保守容易性**（Serviceability）：MTTR
システムが故障した時，いかに早く修理して復旧できるかを示す．

④　**I　保全性（万全性）**（Integrity）
故意，あるいは操作ミスなどでシステムが破壊されず常に万全な常態にあることを意味する．

⑤　**S　機密性（安全性）**（Security）
プライバシーの保護がいかに保たれているかを示すほか，コンピュータシステムへの不正侵入ができないようにすることなどを意味する．

MTBF（Mean Time Between Failures）：平均故障間隔の尺度で，システムの故障修理が終了して，次に故障するまでの時間間隔の平均値である．したがって，MTBF が長いということは信頼性が高いということを意味する．

MTTR（Mean Time To Repair）：平均修理時間の尺度で，システムの修理に要する時間の平均値である．したがって，MTTR が短いということは保守容易性が良いということを意味する．

稼働率（operating ratio）：システムがいかに故障せずに，いつも正常に稼働しているかの尺度である．したがって，その理想値は 1 である．その稼働率 A は次の式で定義される．

$$A = \frac{\text{MTBF}}{\text{MTBF} + \text{MTTR}}$$

平均故障率：単位時間当たりの故障率であるから，次のように MTBF の逆数として計算される．

$$\lambda = \frac{1}{\text{MTBF}}$$

平均修理率：単位時間内に修理できる確率であるから，次のように MTTR の逆数として計算される．

$$\mu = \frac{1}{\text{MTTR}}$$

【計算例 12.1】　平均故障間隔（MTBF）が 980 時間，平均修理時間が 20 時間であるという．このシステムの稼働率を計算せよ．

$A = 980 \div (980 + 20) = 0.98$

【計算例 12.2】　平均故障間隔（MTBF）が 980 時間のシステムがある．平均故障率を計算せよ．

$$\lambda = 1 \div 980 = 0.001024$$

【計算例 12.3】　平均修理時間（MTTR）が 20 時間のシステムがある．平均修理率を計算せよ．

$$\mu = 1 \div 20 = 0.05$$

12.3　複合システムの稼働率の計算

●直列システム●

図 12.6 は稼働率が $A_i (i = 1, 2, 3, \cdots, n)$ のシステムを直列に n 個接続している．この場合，システム全体の稼働率 A は次の式で与えられる．

$$A = A_1 \times A_2 \times \cdots \times A_n$$

【計算例 12.4】　稼働率 $A_1 = 0.75$ と稼働率 $A_2 = 0.98$ の直列システムの稼働率を計算せよ．

$$A = 0.75 \times 0.98 = 0.735$$

●並列システム●

図 12.7 は n 個のシステムを並列に接続したシステムを表している．装置 i $(i = 1, 2, 3, \cdots, n)$ の稼働率を A_i とすると，装置 i がダウン（故障や停止）をする確率は $1 - A_i$ となる．しがって，システム全体の稼働率 A は次の式で計算される．

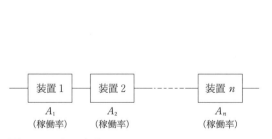

図 12.6　n 個の直列システム

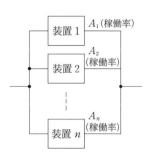

図 12.7　n 個の並列システム

$$A = 1 - （システムがダウンする確率）$$
$$= 1 - (1 - A_1)(1 - A_2) \cdots (1 - A_n)$$

【計算例 12.5】　稼働率 $A_1 = 0.75$ と稼働率 $A_2 = 0.98$ の並列システムの稼働率を計算せよ.

$$A = 1 - (1 - 0.75) \times (1 - 0.98) = 0.995$$

問題 12.3　装置の稼働率が 0.75 の装置を 3 台直列に接続した場合のシステムの稼働率を計算せよ.

問題 12.4　装置の稼働率が 0.75 の装置を 3 台並列に接続した場合のシステムの稼働率を計算せよ.

問題 12.5　4 台の装置の稼働率がすべて 0.9 である. 装置 2 と装置 3 が並列に接続されている. 装置 1 の出力側は装置 2 と装置 3 の入力側に直列接続されている. そして, 装置 2 と装置 3 の出力側は装置 4 の入力側に直列接続されている. このシステムの稼働率を計算せよ.

問題 12.6　2 台のコンピュータを並列に接続して使う場合, 1 台目と 2 台目のそれぞれの MTBF（平均故障間隔）と MTTR（平均修理時間）及び稼働率が次の数値であるとき, システム全体の稼働率は何 % か（2 種既出）.

項　目	MTBF	MTTR	稼　働　率
コンピュータ 1	480 時間	20 時間	96 %
コンピュータ 2	950 時間	50 時間	95 %

ア　90.25　　　イ　91.2　　　ウ　95.5
エ　96.5　　　オ　99.8

●同一稼働率の並列接続システム●

稼働率が A_0 の装置を N 台並列に接続したシステムがある. この場合, システムの稼働率は次の式で簡単に計算できる.

$$A = 1 - (1 - A_0)^N$$

ところで, N 台のうち n 台が故障しても, システム全体としては所定の機能が得られる場合の稼働率 A は次の式で与えられる.

$$A = \sum_{i=0}^{n} {}_N\mathrm{C}_{N-i} \cdot {A_0}^{N-i} \cdot (1 - A_0)^i$$

ただし，${}_n\mathrm{C}_r = \dfrac{n!}{r!\,(n-r)!},\ n! = n \times (n-1) \times (n-2) \times \cdots \times 2 \times 1$

である．

【計算例 12.6】 稼働率が 0.8 のシステムが並列に 3 台接続されている．このうち 2 台が正常ならば（1 台が故障しても）システムとして所定の機能を保つことができるという．この場合の稼働率 A を求めよ．

$$\begin{aligned}
稼働率\ A &= {}_3\mathrm{C}_3 \times 0.8^3 \times (1 - 0.8)^0 + {}_3\mathrm{C}_2 \times 0.8^2 \times (1 - 0.8)^1 \\
&= 1 \times 0.512 \times 1 + 3 \times 0.64 \times 0.2 \\
&= 0.896
\end{aligned}$$

問題 12.7 稼働率が 0.8 のシステムが並列に 3 台接続されている．このうち 1 台が正常ならば（2 台が故障しても）システムとして所定の機能を保つことができるという．またこの場合の稼働率を求めよ．

12.4 性能評価

システムの評価尺度としては，MTBF や MTTR のほかに，単位時間当たりの処理能力であるスループット，ジョブ投入から出力結果の終了までのターンアラウンドタイム，オンライン処理などで端末から指令を与えてから出力結果が始まる時点までのレスポンスタイム，1 秒間当たりのトランザクションの処理件数である TPS などもあるが，ここではとくに CPU の処理能力についで考える．

CPU の評価尺度としては，次に述べる MIPS，MFLOPS，ギブソンミックス，コマーシャルミックスなどがある．

● CPU の評価尺度●

(1) MIPS（Million Instruction Per Second）

1 秒間に CPU が何百万命令を実行できるかという性能評価尺度である．

(2) MFLOPS (Million FLoating-point Operation Per Second)

浮動小数点を処理することが多い科学技術計算のための CPU の評価尺度である．つまり，1秒間に浮動小数点演算が何百万回実行できるかという尺度である．

【計算例 12.7】 200 MIPS の CPU が1個の命令を実行するのに要する時間を計算せよ．

$$1 \div 200 \times 10^6 = 5 \times 10^{-9} = 5\,\mathrm{ns}\ （ナノ秒）$$

問題 12.8 1個の命令を実行するのに平均 50 ns を要する CPU の MIPS 値を計算せよ．

(3) ギブソンミックス

科学技術計算において，実行される命令の種類に重みを付けて，計算機の評価を行う尺度である．

(4) コマーシャルミックス

事務処理計算において，実行される命令の種類に重みを付けて，計算機の評価を行う尺度である．

【計算例 12.8】 次の表は多数の命令群の中から簡単のため命令の種類として，A，B，Cの3種類のみ（これをすべての命令）とした．その命令の実行に要する時間と使用頻度を示している．この場合の MIPS 値（ギブソンミックス，コマーシャルミックス）を計算せよ．

命令の種類	命令実行時間	使用頻度
A	100 ns	30 %
B	60 ns	50 %
C	200 ns	20 %

$$\text{ギブソンミックス値} = 1/(100 \times 0.3 + 60 \times 0.5 + 200 \times 0.2) \times 10^{-9}/10^6$$
$$= 10\,\mathrm{MIPS}$$

問題 12.9 上記の計算例 12.8 において，いまギブソンミップス値が 10 MIPS であるという．命令の種類Bの使用頻度が不明として，そ

れを求めてみよ（50％が計算できれば正解）.

問題 12.10　計算機の命令実行時間と出現頻度が，次の表で与えられていると
き，このモデルにおける計算機の MIPS 値はいくらか（1 種既
出）.

命令種別	命令実行時間	出現頻度
固定小数点加減算命令	50 ns	50 %
乗算命令	200 ns	20 %
飛越し命令	50 ns	30 %

　ア　3.3　　　イ　5.0　　　ウ　10.0　　　エ　12.5
　オ　80.0

● **TPS** ●

　ここで，CPU の性能に直接関係する TPS（Transaction Per Second）につ
いて計算する．TPS は 1 秒間に処理できるトランザクション数で，オンライ
ンシステムの性能評価尺度である．したがって，システムのスループットに直
接関わる．具体的には CPU が 1 秒間に処理できる命令数を 1 トランザクショ
ンの処理に要する命令数で除した値である．

> **【計算例 12.9】**　CPU の MIPS 値 = 100 MIPS，1 トランザクションに要す
> る命令数 = 20 万命令とする．TPS を計算せよ.
> 　TPS = 100 × 1000000 ÷ 200000 = 500 件/秒

問題 12.11　1 トランザクションに要する命令数が 10 万命令，TPS = 50 件/
秒であるという．この場合の CPU の MIPS 値を計算せよ．ただ
し，CPU の使用率は 100 ％とする.

12.5　キャパシティプランニング

　キャパシティプランニング（capacity planning）は，将来業務が増加して
も現在の性能と同等以上のシステムパフォーマンスを維持するため各種システ
ム資源の性能の向上やシステムの拡張を計画することである．したがって，考

慮しなければならない項目は，CPU の性能，主記憶空間の大きさ，補助記憶装置の記憶容量，LAN や伝送系の問題，システム構成等非常に広範囲になる．

　システムの評価をする場合，もっとも簡単で容易にできる手法が，メーカ各社のカタログデータを利用する「**カタログ評価技法**」である．一方，実際の処理に即して現実に稼働しているシステムの評価をする手法として「**ベンチマークテスト技法**」がある．これは使用目的に合わせた標準的なプログラムを実行して，スループットやレスポンスタイムを測定して比較する．パソコンの性能評価でも円周率 π の値を桁数を指定して計算するプログラムがベンチマークテストとして利用されている．そのほかに「**モニタリング技法**」がある．これは稼働中のシステムのレスポンスのデータや各種資源の利用データ等を測定して評価する手法で，システムを改善した場合や再構築した場合などに使用されることが多い．

● M／M／1 モデル●

　システムの評価技法の１つにシミュレーション技法がある．その代表的な方法が通信サービスの評価で使用されるM／M／１モデルである．これは待ち行列（queuing）モデルによるシミュレーションで，一般に次のようなケンドール記法で表される．

　　　　到着／サービス／窓口数

到着とサービスは次のような記号と意味がある．

　　　到着：サービス窓口への到着頻度分布（処理要求の発生分布）

　　　サービス：サービスの時間分布（処理時間の分布）

　　　窓口数：サービスの窓口数（端末数，回線数など）

さらに到着とサービスの表記は分布の種類によって次のように表す．

　　　M：指数分布またはランダム分布，G：一般分布，D：一定分布

したがって，「M／M／１」では客（データ）の到着数はポアソン分布（ランダムに到着）し，サービス時間は指数分布に従う．窓口は１個を意味する．

　ここで再度確認しておきたいことは，客の到着数の分布はポアソン分布で，これを客の到着間隔で表現すると指数分布であることと，サービス時間は指数分布するということである．

　ところで，ポアソン（Simeon Denis Pisson）は，19世紀に「ポアソン分布」を発表した有名な数学者である．ポアソン分布は，通信の分野では待ち行列の理論として使用される．ここでは，窓口が1つの医院に患者がランダム（不規則）に来て診察してもらう場合を考える．患者の到着のしかたには平均到着率を使用する．つまり，1時間に平均3人の患者が来ると，平均到着率は3である．したがって，その逆数は平均到着間隔であって，20分である．

　　平均到着率（λ）：単位時間における到着患者数（通信では到着データ）

　　平均到着間隔（$1/\lambda$）：平均到着率の逆数

　到着する患者はランダムに到着するが，それはポアソン分布に従い，その逆数の到着間隔は指数分布に従うことが理論的に知られている．

　ここでは受け付けの窓口数は1つとしているが，スーパーマーケットのレジの数などを考える場合などは複数として，時間帯によって最適な数を決定する．次にサービスであるが，ここではサービス時間が重要となる．つまり医師が患者を診察するのに要する時間（データ処理時間）である．ただし，待ち行列理論ではその逆数である平均サービス率（μ）を使用する．

　　平均サービス率（μ）：平均診察時間の逆数（平均処理時間の逆数）

　　平均サービス時間（$1/\mu$）：平均診察時間（平均処理時間）

　患者を診察（データ処理）する順序は，到着順（FIFO：First In First Out）とする．

【計算例 12.10】　ある医院では，患者が平均10分間隔でランダムに訪ねてくることがわかった．医者は1人であり，1人の患者の診断および処方の時間は平均8分の指数分布であった（国家試験の過去問を引用）．

このとき，患者が医院に到着する数はポアソン分布に従い，患者の到着時間間隔は指数分布に従う．

患者の平均到着率をλ，医者が診断および処方する平均サービス率をμとすると，患者が待たなければならない確率（利用率）ρは，

$$\rho = \frac{\lambda}{\mu}$$

である．診断および処方を受けている患者と待っている患者を合わせた行列の平均の長さ（L）および待ち時間（W）は，次のようになる．

$$L = \frac{\rho}{1 - \rho} = \frac{\lambda}{\mu - \lambda}$$

$$W = \frac{1}{\mu - \lambda}$$

患者が診察を受け始めるまでの平均待ち時間は，32 分である．これは次のように計算される．

題意から，$\mu = 1/8$，$\lambda = 1/10$ であるから

$$W = \frac{1}{\mu - \lambda} = \frac{1}{\dfrac{1}{8} - \dfrac{1}{10}} = 40 \quad (\text{分})$$

となるが，この数値には診察・処方中の患者も 1 名含まれていて，この診察・処方時間である 8 分を差し引くと，32 分を得る．

さらに，待っている患者の平均人数は，3.2 人である．これは次のように計算される．

患者が待たなければならない確率が

$$\rho = \frac{\lambda}{\mu} = \frac{\dfrac{1}{10}}{\dfrac{1}{8}} = 0.8$$

であることから，

$$L = \frac{\rho}{1 - \rho} = \frac{0.8}{1 - 0.8} = 4 \quad (\text{人})$$

となるが，この数値には診察・処方中の患者も 1 名含まれていて，それが平均 0.8 人であるから 4 人 − 0.8 人 ＝ 3.2 人となる．また，平均純待ち時間が 60 分となるような平均到着時間間隔は，約 9 分となる．これは $W = 60$ 分 ＋ 8 分 ＝ 68 と $\mu = 1/8$ を上の式に代入して λ を求めて，その逆数を計算すればよい．その計算を次に示す．

$$68 = \frac{1}{\mu - \lambda} = \frac{1}{\dfrac{1}{8} - \lambda} = \frac{1}{\dfrac{1 - 8\lambda}{8}}$$

これより $68\,(1 - 8\lambda) = 8$，よって $68 - 544\lambda = 8$ となり，$\lambda = 0.11$ を得る．その結果，平均到着間隔 ＝ $1/\lambda = 1/0.11 = 9$ （分）を得る．

第13章

ファイル編成

13.1 ファイルシステム

●ファイルとディレクトリ●

　JIS（日本工業規格）では、「情報処理の目的で、1つの単位として取り扱われる関連したレコードの集まり」としてファイルを定義しているが、概念としては日頃、机の中やロッカーからファイルを出したり、入れておくなどという。このことからも理解できるように、整理された情報（レコード）の集合が**ファイル**（file）である。

　コンピュータではプログラムや作成したワープロ文書や表計算データ、あるいは画像情報などにファイル名を付けて磁気ディスク装置やフロッピーディスクにファイルとして入れる。これを管理するのは、オペレーティングシステムのファイル管理で、登録、削除、変更、探索などを行う。汎用コンピュータでは **VTOC**（Volume Table Of Contents）によるカタログ方式が採用され、パソコンでは **FAT**（File Allocation Table）によるディレクトリ方式が採用されている。

　VTOC はボリューム目録ともいう。これは図13.1に示すように VTOC というファイル（領域）に各ファイルのレコード群が存在する場所（アドレス）が一括して記録されていて、それを利用する。なお、VTOC は汎用コンピュータシステムの磁気ディスク装置の管理に用いられる方式で、磁気テープ装置では直接アクセスができないので、磁気テープのトラック上のカウント部に記録される。

　パソコンで採用されている FAT は論理セクタとクラスタという単位で管理

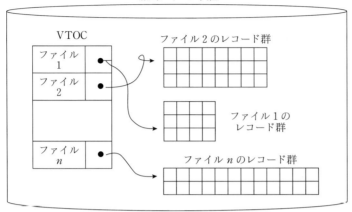

図 13.1　VTOC

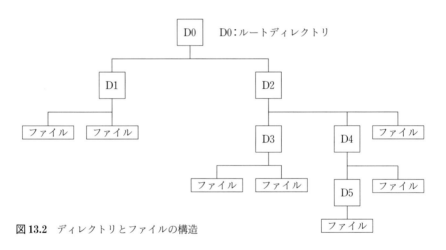

図 13.2　ディレクトリとファイルの構造

し，連続するセクタ（AT 互換機：1 セクタ＝512 B）をひとまとめにして 1
つのクラスタとしている．したがって，記録されたデータが 1 文字であるよう
な小さいファイルでも 1 つのクラスタを使用するので，データとクラスタのサ
イズによってはディスクに大きな空領域が頻発する可能性がある．ディレクト
リには，ファイル名とその拡張子，エントリ番号（第 1 クラスタ番号），属性
などが入っている．このディレクトリの第 1 クラスタ番号によって指定された
FAT には，そのファイルの続きが入っている第 2 クラスタの番号が入ってい

る．FATには次に実行するクラスタ番号が入っている．それで芋づる式に各クラスタの順次呼び出しを行い，最終クラスタを指示するにはEOF（End Of File）を入れる．かつて，FATによるファイル名の長さは8文字＋拡張子3文字に制限されていたが，Windows 95以降，**VFAT**（Virtual FAT）になって，最大で255文字のファイル名が使用できるようになった．

　以上のようなことからVTOCは各種のデータ記録方式やアクセス方式に対応しているが，FATは固定長ブロックに対する順次アクセスのみに対応しているという根拠になっている．FATで用いる**ディレクトリ**（directory）は，一種の管理台帳システムで，図13.2にディレクトリのツリー（tree）構造を示している．D_0は根またはルートディレクトリ（root directory）と呼ばれ，システムが初期化された時点で自動的に生成される．$D_1 \sim D_5$ はユーザが任意に作成できる．同一のディレクトリに同一のファイル名のファイルを置くことはできないが，ディレクトリが異なれば許される．

●用途別各種ファイル●

　ファイルは，図13.3に示しているように，用途別にいくつかに分類される．マスターファイルは基本台帳とも呼ばれるもので，長期間保存され，必要に応

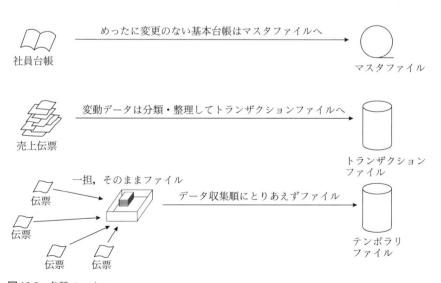

図13.3　各種ファイル

じて使用される．会社における従業員ファイルは，個人の生年月日，家族構成，本籍，住所，所属など日頃変動しないので，代表的なマスターファイルである．一方，会社の売上データなどのように商取引に関わるデータは，その都度変動する．このような変動データを整理してまとめたファイルが**変動ファイル**とか**トランザクションファイル**（transaction file）という．ところが，扱うデータが大量で，整理分類などせずにひとまずファイル名を付けて格納しておく場合がある．このような一時的なファイルを**一時ファイル**とか**テンポラリファイル**（temporary file）という．

●ボリューム●

磁気ディスク1個，磁気テープ1巻，フロッピーディスク1枚をそれぞれ1個の**ボリューム**（volume）という．そして，そのボリュームはファイルの格納方法によって次のように分類される．

　単一ボリュームファイル：1個のボリュームに1個のファイルを格納

　複数ファイル単一ボリューム：1個のボリュームに複数のファイルを格納

　複数ボリューム単一ファイル：ファイルが非常に大きく複数のボリュームに
　　1個のファイルを格納する．

　複数ボリューム複数ファイル：複数のボリュームに複数のファイルを格納す
　　る．たとえば，1個のボリュームにファイルAを格納したが，かなり余
　　裕があるのでファイルBも格納した．ただ，ファイルBは大きくてファ
　　イルAを格納したボリュームの残り部分では記憶容量が不足して，別な
　　いくつかのボリュームにわたって格納したという場合である．

13.2　ファイル編成

ファイル編成には，順編成ファイル，索引編成ファイル，直接編成ファイル，区分編成ファイル，VSAM編成ファイルがある．これらを表13.1にまとめて示している．

●順編成ファイル●

順編成ファイル（sequential file）のレコードは，記録した順に配置される．

表13.1 ファイル編成の種類

種　類	格納装置	特　徴
順編成ファイル	磁気テープ 磁気ディスク	データの更新・追加・削除はファイル全体を再読み書きする.
索引編成ファイル	磁気ディスク	索引を使用して直接・順次アクセス可, 大規模ファイル
直接編成ファイル	磁気ディスク	キー値で直接アクセス, 小規模ファイル
区分編成ファイル	磁気ディスク	ディレクトリ領域とメンバ領域, メンバ内は順編成
VSAM編成ファイル	磁気ディスク	仮想記憶システムで使用, コントロールエリア, コントロールインターバル, 論理レコード

図13.4 索引編成ファイル

したがって, レコードの末尾への追加はできるが, 任意のレコードをランダムに更新・削除はできない. そこでレコードの更新, 削除はレコードのコピー・挿入操作や追加操作で行う. 順編成ファイルは磁気テープにも磁気ディスクにも実現できるが, 磁気テープにはこの順編成ファイルしか実現できない.

●索引編成ファイル●

索引編成ファイル (indexed sequential file) は, 図13.4に示すように索引域, データ域 (基本域), あふれ域で構成されている. また索引域はマスタ索引, シリンダ索引, トラック索引で構成されている. 各レコードはデータ領域に順編成で記録されているが, 索引域のアドレス情報を用いて任意のレコード

の更新・削除・追加ができる.

索引域 (index area)：マスタ索引 (master index) は1個のファイルに1個存在し，ここには目的のレコードが記録されているシリンダ番号を指定するシリンダ索引を指定する．マスタ索引で指定されたシリンダ索引 (cylinder index) は，トラック索引 (track index) を指定する．トラック索引にはどのトラック番号のところに目的のレコードがあるかを記録している.

データ域 (data area)：データ領域は基本域 (prime area) とも呼ばれ，レコードを記録する領域で，トラック索引によって指定される.

あふれ域 (overflow area)：あふれ域はデータ領域のトラックにデータを追加するとき，もし当該トラックに空き領域がないと，既存のレコードが順次追い出される．これをあふれたレコードといい，各シリンダごとに確保されたあふれ域に置かれる．このあふれ域を**シリンダあふれ域**という．あふれ域にはこのほかに，シリンダあふれ域からあふれたレコードのために用意した，あふれ専用のシリンダがある．このあふれ域を**独立あふれ域**という.

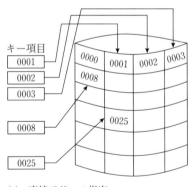

(a)　直接アドレス指定

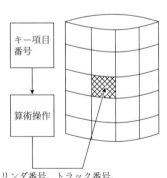

シリンダ番号，トラック番号，
レコード番号を算出してアドレスを指定する.

(b)　間接アドレス指定

図13.5　直接編成ファイル（直接アドレス指定と間接アドレス指定）

●直接編成ファイル●

　直接編成ファイル（direct file）は特定のレコードを任意にアクセスできるので**ランダムアクセスファイル**（random access file）ともいう．このアドレス指定は，図 13.5 に示したように直接アドレス指定と間接アドレス指定に大別される．**直接アドレス指定**はレコードのキー項目の値（商品番号，社員番号等）をそのままアドレスとする．一方，**間接アドレス指定**はレコードのキー項目に対して何らかの算術操作をしてアドレスを決定する．そのうち除算法はキー項目番号を 1 トラックに記録できるの最大レコード数で除算して求める．基数変換法は 10 進数のキー項目番号に対して 10 より小さい基数に変換して求める．折りたたみ法は大きなキー項目の場合，それを複数の部分に分割してそれぞれを加算して求める．

　ところで，キー項目番号に対して算術操作をしてアドレスを計算した結果，異なる複数のキー項目が同一のアドレスになることがある．これを**シノニム**（synonym）といい，そのレコードをシノニムレコードという．このシノニムレコードの処理方法の 1 つとして，シノニム領域という専用の格納領域を利用する方法がある．

●区分編成ファイル●

　区分編成ファイル（partitioned organization file）は，プログラムファイルの管理に利用されるファイル編成で，図 13.6 に示すようにディレクトリとメンバ（member）で構成されている．ディレクトリは各メンバを管理するため

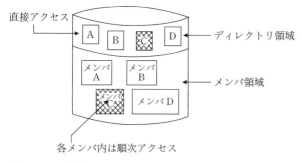

図 **13.6**　区分編成

の登録簿で，直接アクセスされる．メンバは順編成ファイルを分割区分したものである．したがって，メンバ内のレコードは順次アクセスされる．メンバの追加はメンバの最後に追加され，メンバの削除はメンバそのものを削除するのではなく，登録簿であるディレクトリのメンバ情報を削除するのみでよい．

● VSAM ファイル●

　VSAM (Virtual Storage Access Method) ファイルは，仮想記憶方式のシステムで広く採用されている．その構造は図13.7に示しているように，各レコードは**コントロールインターバル**CI (Control Interval) と呼ばれる領域に記録され，そのCIは**コントロールエリア**CA (Control Area) に記録される．1個のCAに複数のCIが連結され，**クラスタ** (cluster) を構成し，VSAMファイルは多数のクラスタでできている．レコードの入出力はCI単位で行われ，そのアクセスには順編成ファイル，索引編成ファイル，直接編成ファイルの方法がある．

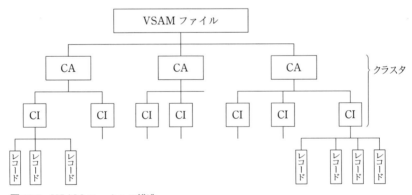

図 13.7　VSAM ファイルの構造

問題 13.1 ファイル管理に関係しない用語はどれか（2種既出）．

    ア　アクセス方式　　　イ　セグメンテーション

    ウ　ディレクトリ　　　エ　編成法　　　オ　ボリューム

問題 13.2 直接アクセスができないファイル編成法はどれか（2種既出）．

    ア　VSAM　　　イ　索引編成　　　ウ　順編成

    エ　直接編成

問題 13.3 メンバと呼ぶレコードの集まりをディレクトリによって管理するファイル編成法はどれか（2種既出）．

    ア　VSAM ファイル　　　イ　区分編成ファイル

    ウ　索引編成ファイル　　　エ　順編成ファイル

    オ　直接編成ファイル

問題 13.4 次の記述は，それぞれ何のファイル編成法の特徴を説明しているのかを答よ（2種既出問題を変形）．

    ア　仮想記憶装置のもとで処理され，順次アクセス，直接アクセスを効率よく行うことができる．

    イ　索引域，基本データ域，あふれ域から構成され，順次アクセス，直接アクセスの両方ができる．

    ウ　磁気テープで利用できるのは，このファイル編成法だけである．

    エ　プログラムライブラリに利用されるのは，この編成が一般的である．

第14章

データベース

14.1 データベースの概念

データベース（DB: Data Base）は各種のデータを分類・整理して複数の利用者が共同（共通）で利用できるようにした蓄積データ群である．そのデータベースを管理する基本ソフトウエアを**データベース管理システム**（DBMS: Data Base Management System）という．

今日ではネットワークコンピューティングが一般化して，データベースもローカルなデータベースだけでなく，社内にそれぞれ配置されたデータベースや遠隔地のデータベースも通信回線で結ばれて，1つのデータベースを実現している．このようなデータベースを分散データベースという．このデータベースは，データベースが分散しているということを利用者に意識させないということが重要なことである．これを分散データベースの**透過性**という．透過性というのはユーザが意識しないということであり，場所を意識しないなら**場所透過性**，複製データベースを意識させないなら**複製透過性**などという．分散データベースでは，複製した DB を使用することが多いので，常に複製の問題があるが，複製管理機能によって元の DB と複製した DB が常に同一の内容になるように管理されている．

14.2 データモデル

データベースの構築では，図14.1に示すように現実の問題に対して，まず業務分析やデータ項目の明確化のために概念データモデルを作成する．具体的

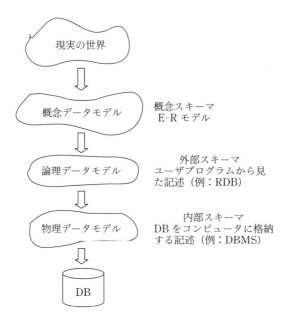

図 14.1　各データモデルとスキーマの関係

には実体と実体を関連付ける E-R モデルを用いる．つぎにこれを関係モデル，ネットワークモデル，階層モデルなどの論理データモデル（データベースモデル）によって論理設計をする．論理データモデルは，DBMS によって，関係モデルは関係データベース，ネットワークモデルはネットワークデータベース，階層モデルは階層データベースモデルなどの物理データモデルにする．つまり，データベースファイルの編成方法やアクセス方法，およびページサイズなどのデータベースの物理設計を行う．

問題 14.1　データモデルには階層モデル，ネットワークモデル，関係モデルの3つがある．次の各説明はどのモデルを説明しているか（1種過去問を変形）．

　　ア　あるレコードに対して，複数の親レコードがありうる．

　　イ　データをいくつかの2次元のテーブルによって表現するデータモデルである．

● E-R モデル ●

概念データモデルを記述する方法の1つとして，図14.2に示したようなE-R モデル（Entity-Relationship）がある．図(a)はバックマン表記法によるE-R図（ERD：Entity Relationship Diagram）で，実体（Entity）を長方形で表現して，関連（Relationship）をひし形で表現する．図(b)は矢印表記法による ERD である．実体間の関係は，"→"を"1"，"→→"を"多"の関係として示している．

図14.3は1人の学生が複数の科目を受講する1対Mの関係(a)，複数の学生が1科目のみを受講するM対1の関係(b)，複数の学生が複数の科目を受講するM対Mの関係(c)を示している．また学生という**エンティティ（実体）**には氏名，生年月日，住所，性別などの属性（attribute）があり，それぞれの値を

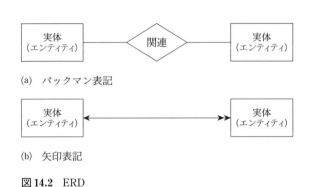

(a) バックマン表記

(b) 矢印表記

図 14.2 ERD

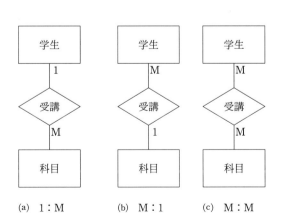

(a) 1：M　　　(b) M：1　　　(c) M：M

図 14.3 ERD

持つ．その 1 組を**インスタンス**（instance）という．つまり学生の数だけインスタンスがある．

問題 14.2　E-R モデルに関する記述のうち，誤っているものはどれか（1 種既出）．

　　ア　エンティティに関する情報とエンティティ間に関する情報を分離して表現する．

　　イ　エンティティは，必ず識別子を持ち，識別子は 1 つ以上のアトリビュートで構成される．

　　ウ　エンティティは，人，場所，建物のように具体的なものだけでなく，技能，納品などの抽象的な概念であってもよい．

　　エ　リレーションシップにも，アトリビュートの存在は許される．

問題 14.3　顧客が商店に複数の商品を注文し，注文を受けたその商店は複数の顧客に商品を納品するという関係を E-R 図で示せ．

問題 14.4　次の成績表からエンティティとして，学生，成績，科目，担当教員を抽出した．これらのエンティティを使用して E-R 図を作成したい．次の(1)，(2)，(3)，(4)の E-R 図を作成せよ．

　　(1)　学生と成績の関係 E-R 図

　　(2)　科目と成績の関係 E-R 図

　　(3)　担当教員と科目の関係 E-R 図

　　(4)　(1)，(2)，(3)の関係 E-R 図

成　績　表				
学生証番号　01ET1007　　氏名　　出田　美絵洲				
科目コード	科目名	教員番号	担当教員	成績
A 101	法と市民生活	301	藤本　哲也	A
B 201	文明と文学	302	日高　文男	B
C 301	文学と歴史	302	日高　文男	B
D 401	電気工学	501	大槻　孝司	C
E 501	電子工学	502	米山　正雄	A
F 601	情報工学	502	米山　正雄	A

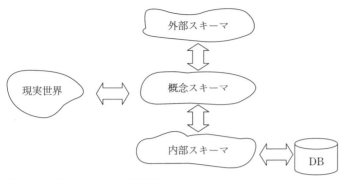

図 14.4　3層スキーマ（ANSI/SPARC）

14.3　3層スキーマアーキテクチャ

　図14.4に3層スキーマを示している．これはデータをデータベース化するためにどのように捉えるかという方法として，米国規格協会／標準化計画委員会（ANSI/SPARC）が提案したもので，外部スキーマ（複数），概念スキーマ，内部スキーマの3層で示される．

外部スキーマ：個々のプログラムやユーザから見たデータの記述，関係データベースのビューなど．したがって，ユーザの数だけ存在する．

概念スキーマ：対象となる外界の事象を抽象化したもので，たとえばE-Rモデルに基づくデータベースの記述．

内部スキーマ：データベースをコンピュータ上に格納するかを記述，たとえばデータを補助記憶装置上にどのような形式や編成で記録するか等を指定，リカバリ，セキュリティなどを考慮してデータ構造を定義することも内部スキーマに含まれる．

問題 14.5　データベースを記録媒体にどのように格納するかを記述したものはどれか（2種既出）

　　ア　概念スキーマ　　　イ　外部スキーマ
　　ウ　サブスキーマ　　　エ　内部スキーマ

問題 14.6　ANSI/SPARC 3階層スキーマにおける外部スキーマの説明として，正しいものはどれか（1種既出）．

ア　関係モデルでは，表（実表）が対応する．

イ　個々のプログラムやユーザから見たデータを記述する．

ウ　対象となる外界の事象を抽象化して定義する．

エ　データを外部記憶装置上にどのような形式や編成で記録するかを指定する．

オ　リカバリ，セキュリティなどを考慮してデータ構造を定義する．

14.4　関係データベース

関係データベース（RDB：Relational Data Base）はつぎのように2次元の表形式である．

学生データ

学生コード	学生氏名	科目コード
2000ET1001	阿部　一郎	E103
2000ET1002	上田　二郎	A709
2000ET1003	岡本　三郎	A709

科目データ

科目コード	科目名
A709	民法
E103	電気工学

関係データベースの説明によく出てくる用語を表14.1に示している．2つの表を操作する演算には，和，積，差，直積，選択，射影，結合などがある．

表14.1　データベース関連用語

用語	説明
タプル，組	行
属性，アトリビュート	列（列名）
候補キー	行を一意（唯一存在）に識別できる属性（列名）
主キー，基本キー	候補キーのうちの主たるキー
外部キー	複数の表の主キー（同一キー）
複合キー	複数の属性で主キーを実現
選択	特定の行を取り出す
射影	特定の列を取り出す
結合	2つの表を共通の属性で結合して1つの表にする

和：論理和で，2つの表のいずれかに属するものすべてを取り出す．

積：論理積で，2つの表の共通に属するものを取り出す．

差：1つの表のうち，他方の表に属しているものを除いて取り出す

直積：2つの表の各組（行）同士の組合せを求める．

　直積は次の例でわかるように表を掛け合わせたもので，見方によれば冗長なものとなっている．

●直積●

表P

商品コード	商品名
001	テレビ
002	ビデオ

表Q

単価	仕入先
20,000	S商会
30,000	K商会

表P × 表Q

商品コード	商品名	単価	仕入先
001	テレビ	20,000	S商会
001	テレビ	30,000	K商会
002	ビデオ	20,000	S商会
002	ビデオ	30,000	K商会

●選択●

　選択（selection）はある条件を満たした特定の行を取り出す．たとえば次に示すように単価が100000円以下のものだけを取り出す．

商品コード	単価	数量	金額
001	50,000	2	100,000
002	20,000	5	100,000
003	120,000	1	120,000

選択操作の結果次のようになる．

商品コード	単価	数量	金額
001	50,000	2	100,000
002	20,000	5	100,000

●射影●

射影（Projection）は，特定の列だけを取り出す．

商品コード	単価	数量	金額
001	50,000	2	100,000
002	20,000	5	100,000
003	120,000	1	120,000

商品コードと単価のみを取り出すと次のようになる．

商品コード	単価
001	50,000
002	20,000
003	120,000

●結合●

結合（join）は2つの表の共通の属性で結び付ける．

商品コード	単価	数量	金額
001	50,000	2	100,000
002	20,000	5	100,000
003	120,000	1	120,000

商品コード	商品名
001	テレビ
002	電子レンジ
003	冷蔵庫

商品コードを共通の属性として結合すると次のようになる．

商品コード	商品名	単価	数量	金額
001	テレビ	50,000	2	100,000
002	電子レンジ	20,000	5	100,000
003	冷蔵庫	120,000	1	120,000

　上記の関係データベースにおいて，商品コードを指定すればその単価が一意的に定まるが，このようにある属性の値が他の属性の値から一意的に定まるこ

とを**関数従属**という．ところで，関係データベースにおいてもインデックス
(index) を付けて処理の高速化をはかる．インデックスは特定レコードを効
率よくアクセスするために付ける索引情報で，もしインデックスを付けなけれ
ば全件検索という処理が多くなり，処理時間がかかることになる．ただ，更
新，削除，追加などの処理が頻繁にある処理では，インデックスの更新処理に
も同時に反映して処理が遅くなる．

問題 14.7 関係データベースの説明として，正しいものはどれか（2種既出）.
　　ア　データは，利用者から見ると2次元の表として取り扱われる．
　　　　レコード間の関係は相互のレコード中の項目の値を用いて関連
　　　　づけられる．
　　イ　レコード間の関係を親子関係を用いて表現する．
　　ウ　レコード間の関係を網構造によって表現する．
　　エ　レコードを構成するデータ項目は，その種類ごとに索引形式で
　　　　格納されている．レコードのアクセスは，これらの索引値の集
　　　　まりのデータを介して行われる．

問題 14.8 関係データベースにおけるインデックス設定に関する記述として，
　　　　正しいものはどれか（1種既出）.
　　ア　インデックスの設定に際しては，検索条件の検討だけでなく，
　　　　テーブル全体のサイズについての考慮も必要である．
　　イ　インデックスの設定によって検索性能が向上する場合は，更
　　　　新・削除・追加処理の性能も必ず向上する．
　　ウ　インデックス設定は，論理設計時点で洗い出された検索条件に
　　　　指定されるすべての列について行う必要がある．
　　エ　性別のような2値しか持たないような例でも，検索条件に頻繁
　　　　に指定する場合は，インデックスの設定を行う方がよい．

表14.2　正規化と正規形

正規化	正規形	説明
非正規化	非正規形	1つのレコードに同一の属性が繰り返し（重複）している
第1正規化	第1正規形	繰り返し項目（属性）の排除
第2正規化	第2正規形	非キーの属性が主キーに完全関数従属している属性を持つ
第3正規化	第3正規形	非キーの属性間に関数従属がない（導出属性の排除）

14.5　正規化

　データベースを設計するには，正規化は最重要課題である．その目的はデータの冗長性（重複）をなくして，データの整合性（一貫性）をはかることである．正規化には第1正規化，第2正規化，第3正規化，第4正規化，第5正規化，ボイスコッド正規化がある．正規化によってできるのが正規形である．ここでは第1正規化による第1正規形，第2正規化による第2正規形，および第3正規化による第3正規形について考える．これらは簡単なようであるが，覚えようとすると意外とまぎらわしくなる．そこで超簡単に整理することから始める．表14.2は正規化と正規形についてまとめてある．

　次に正規化の具体例をある受注伝票で考える．

●非正規形●

受注番号	顧客番号	氏名	住所	商品コード1	商品名1	受注数量1
				商品コード2	商品名2	受注数量2
				商品コード3	商品名3	受注数量3

　非正規形では受注伝票番号に記載された注文商品の属性（項目）が重複している（注文された商品名の数：受注伝票の明細行の数だけある）．したがって，このままでは作表できない．

●第1正規形●

受注番号	顧客番号	氏名	住所	商品コード	商品名	受注数量

　第1正規形は属性の重複をなくしたものであるが，このままでは受注伝票の

明細行の数の表が作られる．受注番号と商品コードのアンダーラインはキーを表す．この場合，複合キー（2つの主キー）で一意に明細行を表す．

●第2正規形●

受注番号	顧客番号	氏名	住所

受注番号	商品コード	商品名	受注数量

　受注番号をキーにして，第1正規形から受注伝票の共通部分（顧客番号，氏名，住所）と注文商品の部分（注文商品名の数だけある）を分割した．
　この段階では，

受注番号	顧客番号	氏名	住所

の部分（属性間）で，関数従属がある．つまり顧客番号が決まれば氏名，住所は一意に決定される．また

受注番号	商品コード	商品名	受注数量

の部分についても商品コードが決まれば商品名が一意に定まるという関数従属がある．そこで，それらをすっきりして，非キー間に関数従属を排除したものが，次の第3正規形である．

●第3正規形●

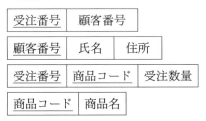

この形では，注文データの追加，変更などは

受注番号	商品コード	受注数量

の部分のみに対して操作すればよいということである．

問題 14.9　関係データベースにおいて，第1正規形，第2正規形，第3正規形と，正規化を進めることによって得られる効果はどれか（1種既出）.

　　ア　データベースの検索性能をより向上させることができる.

　　イ　データベースの冗長性と矛盾を避けることができる.

　　ウ　データベースのセキュリティを高めることができる.

　　エ　テーブルの数を減らすことができる.

問題 14.10　データの第1正規形を求める手順の説明として，最も適切な記述はどれか（1種既出）.

　　ア　完全従属しているデータ項目と，部分従属しているデータ項目を区分けする.

　　イ　キー以外のデータ項目の中でキーになり得るものを探し，キーになり得るものがあれば，そのデータ項目とそれに従属するデータ項目を分離する.

　　ウ　現実の業務の使用目的に合うようにデータ項目間の関連性を分析し，データ項目の重複を最小限にする.

　　エ　データ項目の中で繰り返している部分を分離し，独立した項目の集まり（セグメント）にする.

　　オ　データ項目を項目そのものと項目間の関連に区分するため，キー項目とキー以外の項目を分離する.

14.6　データベース管理機構

　データベース管理機構（DBMS）は，データベースシステムのオペレーティングシステムである．したがって，さまざまな支援機能が装備されている．そのなかでも**同時実行制御**（排他制御）と**障害回復機能**は重要である．これらはデータベースにおけるトランザクションに関わるものである．データベース処理作業をデータベースのトランザクションといい，更新処理はその典型である．そのトランザクションにおいては **ACID 特性**ということが一般に保証されなければならないとされている.

原子性（A：Atomicity）：トランザクションの完全正常終了，またはトランザクション開始以前の（何もしなかった）状態で終了すること．

　　　　　　　コミット（commit）：正常更新完了操作

　　　　　　　ロールバック（roll back）：更新作業中止操作

一貫性（C：Consistency）：論理的整合性が保証されていること．これは分散データベースにおいて，複数のデータベースを更新する場合など．

独立性（I：Isolation）：複数のトランザクションが同時に独立して矛盾なくできること．

耐久性（D：Durability）：一旦トランザクションが終了してしまうと，その後の障害発生によってもその結果は何ら影響を受けないこと．

●同時実行制御●

　データベースは，大勢のユーザがそれぞれの端末からファイルを共通に扱うのが一般的である．データの読取りに関しては，多数のユーザが同時に特定のファイルにアクセスしても，基本的に問題はない．しかし，ユーザがファイルの内容に対して更新などの変更を加える場合は，大いに問題がある．その問題を同時実行制御によって解決している．では，問題例を考えよう．

　【同時アクセス時の問題点】

① 今，データベースに売上金 500 万円がある．

② A さんと B さんが同時にアクセスして 500 万円を端末の画面上に取り出した．

③ A さんは 500 万円の売上金の中から支払経費として 200 万円を下ろした．そして，データベースの残金を 300 万円に更新した

④ B さんも A さんとは別な支払経費として 200 万円を支出したので，データベースを 300 万円に更新した．

⑤ つまり，データベースに残っている正確な残金は 100 万円でなければならないのに 300 万円になっている．

　解決策 1：この問題を解決するには，どちらか一方の処理が終了するまで，ロックをかけてデータベースにアクセスできないようにすればよい．これを**ロック法**による**同時実行制御**とか**排他制御**という．

　解決策2：Aさん，Bさんがアクセスした時刻や更新した時刻が参照され
て，Bさんがデータベースの更新をするとき，Aさんがすでに更新して元の金
額が変更になっていることがわかれば，Bさんは処理を放棄して最初からアク
セスし直すことにすればよい．この方法を**タイムスタンプ法**という．

　【ロック法の問題点】　ロック法には次のようなデッドロックの問題がある．

① 　AさんがPレコードにロックをかけた．

② 　BさんはQレコードにロックをかけた．

③ 　AさんはPレコードの処理にQレコードをアクセスしなければならない
　　　が，QレコードはBさんによってロックされているのでアクセスできず
　　　処理が終了しない．

④ 　BさんはQレコードの処理にPレコードにアクセスしなければならない
　　　が，PレコードはAさんによってロックされているのでアクセスできず
　　　処理が終了しない．

⑤ 　互いに行き詰まり状態となる．

この行き詰まり状態をデッドロックの状態という．これを発見解除するのは
DBMSである．

問題 14.11　データベース管理システム（DBMS）の排他制御機能に関して，
　　　　　　正しい記述はどれか（1種既出）．

　　　ア　排他制御には，DBMSが自動的に行うものと，アプリケーシ
　　　　　ョンプログラムが明示的に指定するものとがある．

　　　イ　排他制御の第一の目的は，デッドロックの防止にある．

　　　ウ　排他制御は，オンライン更新のためのものであり，バッチ更
　　　　　新時には排他制御を行う必要がない．

　　　エ　排他制御は，ファイル（関係表）単位に行われることが多い．

　　　オ　排他制御を行っても，処理効率にはあまり影響がない．

●2相コミットメント●

　一貫性のところで，分散データベースにおいて各データベース間には論理的
整合性が保証されていることが必要であることを述べた．インターネット上で
もミラーサイトと呼ばれるサイトが多数置かれるようになってきている．つま

り多数の分散したサイトのデータベース間においてデータの整合性を保証しなければならない．これを解決する方法に2相コミットメントがある．これは2フェーズコミットメントともいい，2つのフェーズでデータベースを更新する．第1フェーズで，調整者は相手に対してコミットが可能かどうかを質問（コミット準備要求を発行）して，OK（コミット/ロールバック可能な状態にして，準備完了）の回答が返ってきたら，第2フェーズで実際の更新処理を行う方法である．

●障害回復処理●

　図14.5に障害回復の方法を示している．バックアップファイルは，正常なデータベースの全体を別な磁気ディスク装置や磁気テープ装置などに定期的に複写しておく．ジャーナルファイル（ログファイルともいう）にはデータベースの更新前ログと更新後ログ（更新前後の内容など）が記録されている．チェックポイントファイルは，特定の時点でトランザクション情報等やシステムの実行状態を記録しているもので，障害回復に使用される．

　(1)　ロールバック

　トランザクション（更新処理）が異常終了となった場合は，更新前ログを使用して更新データを書き戻す．これを**ロールバック**または後退復帰という．

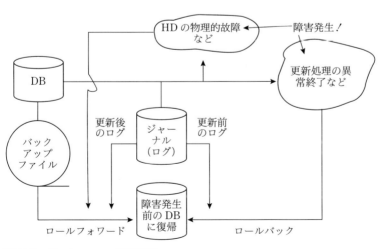

図14.5　データベースの障害回復

(2)　ロールフォワード

　ディスク障害などデータベースが破壊してしまった時は，複写していたバックアップファイルを正常に動作する他のディスクに復元して更新後ログを使用して最新の状態までに復帰させる．これを**ロールフォワード**または前進復帰という．

問題 14.12　データベース操作において障害が発生した際に，データベースの状態をトランザクション開始時点の状態に戻す障害回復操作はどれか（2種既出）．

　　ア　チェックポイント　　　イ　データベースダンプ
　　ウ　ロールバック　　　　　エ　ロールフォワード

問題 14.13　障害発生時にデータベースを復旧させるために使用するファイルは主に2つある．1つはバックアップファイルであるが，あと1つはどれか（2種既出）．

　　ア　システムファイル　　　イ　トランザクションファイル
　　ウ　プログラムファイル　　エ　マスタファイル
　　オ　ログファイル

第15章

SQL

15.1 基本的コマンド

　関係データベースを開発するソフトウエアとして **SQL** (Structured Query Language) がある．SQL はデータベース言語であって，**データ定義言語** (SQL-DDL：SQL Data Definition Language) と**データ操作言語** (SQL-DML：SQL Data Manipulation Language) に大別され，SQL-DML は問合わせ型とカーソル型に分けられる．

表 15.1　データベース定義の SQL コマンド

種　類	SQL	機　能
SQL 定義言語	CREATE　SCHEMA	スキーマ定義
	CREATE　TABLE	表定義
	CREATE　VIEW	ビュー定義
	GRANT	権限操作

表 15.2　SQL 操作コマンド（問合わせ型）

種　類	SQL	機　能
SQL 操作言語 （問合わせ型）	SELECT	問合わせ（選択，射影，合併）
	INSERT	行の挿入
	UPDATE	列の更新
	DELETE	行の削除

表 15.3　SQL 操作コマンド（カーソル型）

種　類	SQL	機　能
SQL 操作言語 （カーソル型）	DECLARE CURSOR	カーソル定義
	OPEN	カーソルを開く
	FETCH	現在のカーソル行の取り出し
	UPDATE	現在のカーソルの更新
	DELETE	現在のカーソル行の削除
	CLOSE	カーソルを閉じる
更新処理（共通）	COMMIT	コミット指定（更新完了）
	ROLLBACK	ロールバック指定（更新キャンセル）

　なお，SQL を単独で用いるのでなく，プログラム言語で作成されたプログラム中に SQL を埋め込んでデータベースを利用する方式を**親言語方式**という．この親言語に埋め込んだ SQL プログラム実行中に外部からその動作を変更できないものを**静的 SQL** といい，プログラム実行中に SQL 文を実行する方式を**動的 SQL** という．親言語方式に対してデータベース言語を単独に利用する方式を**独立言語方式**という．SQL でよく使用される基本的なコマンドとして，表 15.1 にデータベース定義の SQL コマンド，表 15.2 に SQL 操作コマンド（問合わせ型）および表 15.3 に SQL 操作コマンド（カーソル型）を示している．なお，カーソル型というのは，OPEN 命令や CLOSE 命令があることから理解できるように，COBOL などの親言語中で表をファイルとして扱う方法である．

問題 15.1　関係データベースシステムにおいて，カーソル定義を行った後，カーソルの示す行を取り出すのに用いる SQL 文はどれか（2 種既出）．

　　ア　DECLARE 文　　　イ　FETCH 文　　　ウ　OPEN 文
　　エ　READ 文　　　　　オ　SELECT 文

15.2　SQL コマンドの使い方

【例題 15.1】　表 15.4（入試データ表）を定義する定義文を作成せよ.

```
CREATE    SCHEMA    入学試験
          AUTHORIZATION    USERS
CREATE    TABLE    入試データ表
          (
          受験番号  CHAR(4)  NOT NULL PRIMARY KEY,
          氏名  NCHAR(7)  NOT NULL,
          フリガナ  CHAR(12)  NOT NULL,
          性別  CHAR(1)  NOT NULL,
          志望学科  CHAR(2)  NOT NULL,
          高校コード  CHAR(6)  NOT NULL,
          英語  INT CHECK（英語 < = 100),
          数学  INT CHECK（数学 < = 100),
          出欠  INT CHECK（0 = < 出欠 < = 1),
          合否  NCHAR(1)
          )
```

スキーマ定義の一般形が

```
CREATE    SCHEMA    〈データベース名〉
          AUTHORIZATION    〈スキーマ認可識別子〉
```

であることからデータベース名を「入学試験」, スキーマ認可識別子を

表 15.4　入試データ表

受験番号	氏　　名	フリガナ	性別	志望学科	高校コード	英語	数学	出欠	合否
1001	山本　博	ヤマモトヒロシ	M	IM	40563K	85	70	1	
1002	黒田　幸江	クロダユキエ	F	IM	22513E	65	70	1	
1003	佐々木　恵	ササキメグミ	F	IM	01519K	0	0	0	
1004	高野　真理	タカノマリ	F	IC	43518A	75	60	1	
1005	吉村　由美	ヨシムラユミ	F	IM	20515A	10	90	1	
1006	宇野　孝子	ウノタカコ	F	IC	20515A	80	80	1	
1007	西　さゆり	ニシサユリ	F	IC	43518A	90	50	1	
1008	吉田　澄夫	ヨシダスミオ	M	IM	43518A	60	70	1	

「USERS」としている．データベース名は，これから作成するデータベース全体を包含する名称で，スキーマ認可識別子は，このデータベースに権限を持つユーザ名の総称である．表定義の一般形が

CREATE　　TABLE　〈表の名称〉
（〈属性名〉〈データ型〉，〈属性名〉〈データ型〉，……，
〈属性名〉〈データ型〉）

であることから，〈表の名称〉を「入試データ表」とし，〈属性名〉は，受験番号，氏名，……，合否とした．それぞれの属性名にデータの型を定義している．表 15.5 と表 15.6 に比較的よく使用される定数の記述とデータの型を示す．

受験番号　CHAR(4)　NOT NULL PRIMARY KEY,

は，受験番号という属性（列名）は 4 桁（文字数が 4）の文字列で，NOT NULL は空白は許さず，必ず値を入力しなければならないことを意味している．PRIMARY　KEY は受験番号が主キーであることを定義している．PRIMARY KEY は表に唯一であり，重複した数値は許さない．単に重複した値を認めないのであれば，UNIQUE を使用する．なお，データ型 CHAR(n) は

表 15.5

定　　数	SQL での記述
3721	3721
3721（文字列）tokyo-fukuoka	'3721'　'tokyo-fukuoka'
東京都	N'東京都'（N を省略できるシステムもある）
01000001（2 進数）	B'01000001'
Isn't	'Isn''t'

表 15.6

データ型	意　味
CHAR(n)	n 桁の文字列
NCHAR(n)	n 桁の漢字列
INT	整数
REAL	実数

CHRACTER(n)，NCHAR(n) は NCHARCTER(n) としてもよい．

　表15.4（入試データ表）はデータベースとしてハードディスク内に記録されている実表である．これに対してその実表から必要な属性やデータを抽出条件を指定して取り出して仮想の表を作成することができる．このことによりユーザフレンドリな表を作成できる．この仮想の表を**ビュー**（VIEW）という．ビューでデータを更新した場合，それを実表に反映することもできる．そのビューの定義は次のような形式である．

　　　　　CREATE　　　VIEW　　　ビュー表名
　　　　　　　　　　　（属性，属性，,,,属性）
　　　　　　　　　　　AS SELECT 文

【記述例】

　　　　　CREATE　　　VIEW　　　合格者一覧
　　　　　　　　　　　（受験番号，氏名）
　　　　　　　　　　　AS　SELECT
　　　　　　　　　　　　　　FROM　　　入試データ表
　　　　　　　　　　　　　　WHERE　　　英語 ＞＝ 60　AND　数学 ＞＝ 50

この例は入試データ表という表から英語が60点以上でかつ数学が50点以上の受験生を合格者として，その受験番号と氏名のみを属性とする合格者一覧というビュー表を定義している．

【問い合わせの記述法】

　　　　　SELECT　　　属性名（列名）
　　　　　　　　　　　FROM　　　表名
　　　　　　　　　　　　　　WHERE　　　検索条件
　　　　　　　　　　　　　　GROUP BY　属性名
　　　　　　　　　　　　　　HAVING　　　検索条件

　問い合わせの記述は，SELECT, FROM, WHERE, GROUP BY, HAVING の構文になっているが，WHERE, GROUP BY, HAVING は必要に応じて記述する．GROUP BY 句はグループ別にそれぞれの処理を実施しようとする場合に用いる．

【例題15.2】　表15.4（入試データ表）から受験番号と氏名および性別を取り出す SELECT 文を作成せよ．

　　　　　SELECT　　　受験番号，氏名，性別
　　　　　　　　　　　FROM　入試データ表

【例題 15.3】　表 15.4（入試データ表）から女子受験生のみの受験番号と氏名および性別を取り出す SELECT 文を作成せよ.

    SELECT　　受験番号, 氏名, 性別
              FROM　　入試データ表
              WHERE　性別　＝　'F'

【例題 15.4】　表 15.4（入試データ表）から英語の得点が 80 点以上の受験生の受験番号と氏名を取り出す SELECT 文を作成せよ.

    SELECT　　受験番号, 氏名
              FROM　　入試データ表
              WHERE 英語　＞＝　80

【例題 15.5】　表 15.4（入試データ表）から英語または数学の得点が 80 点以上の受験生の受験番号と氏名を取り出す SELECT 文を作成せよ.

    SELECT　　受験番号, 氏名
              FROM　　入試データ表
              WHERE　英語　＞＝　80　OR　数学　＞＝　80

【例題 15.6】　表 15.4（入試データ表）から英語と数学の得点がともに 80 点以上の受験生の受験番号と氏名および英語と数学の得点を取り出す SELECT 文を作成せよ.

    SELECT　　受験番号, 氏名, 英語, 数学
              FROM　　入試データ表
              WHERE　英語　＞＝　80　AND　数学　＞＝　80

【例題 15.7】　表 15.4（入試データ表）から数学の得点の最大値, 最低値, 合計, 平均, 受験者数を表示する SELECT 文を作成せよ.

    SELECT　'最大', MAX（数学）, '点',
            '最低', MIN（数学）, '点',
            '合計', SUM（数学）, '点',
            '平均', AVG（数学）, '点',
            '受験者数', COUNT（出欠）, '人'
      FROM　　入試データ表

【例題 15.8】　表 15.4（入試データ表）から数学の得点が 50 点未満の受験者数を表示する SELECT 文を作成せよ.

    SELECT　'数学（50 点以下）', COUNT（数学）, '人'
              FROM　　入試データ表
                  WHERE　数学　＜　50

【例題 15.9】　表 15.4（入試データ表）から数学の得点が 60 点以上 80 点以下の受験者数を表示する SELECT 文を作成せよ．

    SELECT　'数学（60 点〜80 点）'，COUNT（数学），'人'
        FROM　入試データ表
            WHERE　数学　BETWEEN　60　AND　80

【例題 15.10】　表 15.4（入試データ表）の氏名に田がある受験生の受験番号と氏名を表示する SELECT 文を作成せよ．

    SELECT　受験番号，氏名
        FROM　入試データ表
            WHERE　氏名　LIKE　N'%田'

ここで%は任意の文字列を表している．

●行の追加●

社員表

社員番号	氏名	年齢	出身都道府県
101	佐藤	88	山口県
102	田中	73	新潟県

上の表に 1 行（103　三木　59　徳島県）追加（INSERT 文）する．

    INSERT　INTO　社員表
        VALUE（'101'，'三木'，'59'，'徳島県'）

その結果，次の表になる．

社員表

社員番号	氏名	年齢	出身都道府県
101	佐藤	88	山口県
102	田中	73	新潟県
103	三木	59	徳島県

●行の削除●

上の表の 1 行目を削除（DELETE 文）する．

    DELETE　FROM　社員表
        WHERE　社員番号　＝　'101'

その結果，次の表になる．

社員表

社員番号	氏名	年齢	出身都道府県
102	田中	73	新潟県
103	三木	59	徳島県

●行の更新●

上の表の 1 行目の新潟県を東京都に更新（UPDATE 文）する．

```
UPDATE　社員表
        SET　出身都道府県　＝　'東京都'
        WHERE　社員番号　＝　'102'
```

その結果，次の表になる．

社員表

社員番号	氏名	年齢	出身都道府県
102	田中	73	東京都
103	三木	59	徳島県

問題 15.2　表名が会員である次の表を定義せよ．

会員

会員番号	会員名	年齢	リーダ会員番号
001	佐藤	40	002
002	田中	30	002
003	三木	25	002
004	福田	40	004
005	大平	55	004

問題 15.3　問題 15.2 の表（会員）において，会員名と年齢の列を選択する SELECT 文を作成せよ．

問題 15.4　問題 15.2 の表（会員）において，年齢が 30 歳以上の会員の各行を選択する SELECT 文を作成せよ．

● **FROM 句について** ●

FROM 句には一般に表の名前を並べて書くが,

FROM　正会員　A，準会員　B

と書くと，正会員という表をA，準会員をBという表として扱うことができる
ということを意味する．したがって，SELECT 文を次のように書くことができ
るようになる．

SELECT　A．氏名
FROM　正会員　A

ところで，上記の表（会員）を内容がすべて等しい2つの表 "X" と "Y" と
見なして，次の SQL 文を実行する．

SELECT　X．会員名
FROM　会員　X，会員　Y
WHERE　X．リーダ会員番号　＝　Y．会員番号
AND
X．年齢　＞　Y．年齢

その結果，次のような表を得る．

会員名
佐藤
大平

【解説】

これは2つの表の結合問題（1種既出）である．

SELECT　X．会員名

によって，表Xから会員名を選択するのであるが

WHERE　X．リーダ会員　＝　Y．会員番号

の条件から表Yの会員番号002の田中と会員番号004の福田が選択され,

X．年齢　＞　Y．年齢

の条件から表Xのリーダ会員002のうち，表Yの田中の年齢30を超える佐藤
が選択される．また選択された会員番号004の福田については，表Xのリーダ
会員番号004のうち，表Yの福田の年齢40を超える大平が選択される．

表15.7　高校コード表

高校コード	高校名
22513E	一高
43518A	二高
20515A	三高
01519K	四高
40563K	五高

●表の結合●

表の結合の構文を次に示す.

```
SELECT　表1. 属性, 表2. 属性,,,,,,,,
        FROM　表1, 表2
        WHERE　結合条件
```

【例題 15.11】　前出の表15.4（入試データ表）と表15.7の高校コード表を結合せよ.

```
SELECT　A.受験番号, A.氏名, A.フリガナ, A.性別,
        A.志望学科, A.英語, A.数学, A.合否, B.高校名
        FROM　入試データ表　A, 高校コード表B
              WHERE　A.高校コード　＝　B.高校コード
```

問題 15.5　上の結合の例題を実行するとどのような表ができるか示しなさい.

問題 15.6　人事テーブルに対して SQL 文を実行したとき, 抽出されるデータ群はどれか（2種既出）.

人事テーブル

社員コード	所属	勤続年数	年令
1	総務部	13	31
2	総務部	5	28
3	人事部	11	28
4	営業部	8	30
5	総務部	7	29

```
SELECT   社員コード   FROM   人事テーブル
WHERE   (勤続年数   >   10   OR   年令   >   28)
        AND   所属   =   N '総務部'
```

ア 1, 2, 5　　イ 1, 3, 4, 5　　ウ 1, 3, 5　　エ 1, 5

問題 15.7 次の"会員"表に対する SQL 文によって得られる表はどれか（1 種既出）.

会員

会員番号	会員名	年齢	リーダ会員番号
001	田中	40	002
002	鈴木	30	002
003	佐藤	25	002
004	福田	40	004
005	渡辺	55	004

[SQL 文]

```
SELECT   X. 会員名
FFROM    会員   X, 会員   Y
WHERE    X. リーダ会員番号 = Y. 会員番号
         AND
         X. 年齢 > Y. 年齢
```

ア

会員名
該当なし

イ

会員名
福田

ウ

会員名
鈴木
福田

エ

会員名
田中
渡辺

問題の解答

第1章
1.1 (a) 入力装置　　　(b) 演算装置　　　(c) 主記憶装置　　　(d) 制御装置
(e) 出力装置
1.2 イ
1.3 ウ
1.4 ウ
1.5 エ
1.6 イ

第2章
2.1 8ビット
2.2 エ　$(0.5 \times 0.3) + (0.2 \times 0.3) + (0.3 \times 0.4) = 0.33$
2.3 ウ　（たとえば q_0 において b が入力されると q_1 になり，続いて b が入力されると q_2 に移る）
2.4

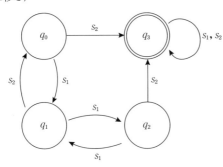

第3章
3.1 8バイト
3.2 32ビット
3.3 MSB＝左端ビットで1，LSB＝右端ビットで0
3.4 (1) 1100101101　　(2) 1455　　(3) 32D　　(4) 111.011　　(5) 7.3　　(6) 7.6
(7) 171　　(8) 253　　(9) AB　　(10) 111.11　　(11) 7.C　　(12) 7.75
(13) 1000100011111011.101　　(14) 104373.5　　(15) 35067.625
3.5 イ
3.6 ウ　　$8^5 = 2^x$　　$\therefore$　$x = 5 \log_2 8 = 5 \log_2 2^3 = 15 \log_2 2 = 15$

3.7 (1) 2612　　(2) 01001100

3.8 (1) 2611　　(2) 01001011

3.9 -5

3.10 $1 = 0001$　　　$19 = 0001\ 1001$　　　$1999 = 0001\ 1001\ 1001\ 1001$

$1234 = 0001\ 0010\ 0011\ 0100$

3.11 256 文字

3.12 $+807 \rightarrow 3830C7 = 0011\ 1000\ 0011\ 0000\ 1100\ 0111$

$-807 \rightarrow 3830D7 = 0011\ 1000\ 0011\ 0000\ 1101\ 0111$

3.13 $+8073 \rightarrow 08073C = 0000\ 1000\ 0000\ 0111\ 0011\ 1100$

$-8073 \rightarrow 08073D = 0000\ 1000\ 0000\ 0111\ 0011\ 1101$

3.14 省略

3.15 $+8190 = 0001\ 1111\ 1111\ 1110$　　　$-8190 = 1110\ 0000\ 0000\ 0010$

3.16 100 0011

3.17 011 1101

3.18 0 1000001 1000 0010 0001 0100 0111 1010

3.19 0 0111111 0100 0000 0000 0000 0000 0000

3.20 1 1000010 0111 1111 1100 0000 0000 0000

3.21 ア

3.22 $2^{56} = 10^n$

$\therefore\quad \log 2^{56} = \log 10^n$

$\therefore\quad 56 \log 2 = n \log 10$

$\therefore\quad n = 56 \log 2 \fallingdotseq 16.85$

この計算から有効桁数は 10 進法で 16 桁となる.

3.23 30

3.24 -0.15625

3.25 01000011011111110000000000000000

3.26 11000000101000000000000000000000

3.27 イ

3.28 省略

第 4 章

4.1 (1) 省略　　(2) 省略

4.2 ①—ウ, ②—コ, ③—キ, ④—ケ, ⑤—カ

4.3 エ

4.4 省略（$H = 1$, $L = 0$ の場合と $H = 0$, $L = 1$ の場合の真理値表を用いて示す）

4.5 省略（$H = 1$, $L = 0$ の場合と $H = 0$, $L = 1$ の場合の真理値表を用いて示す）

4.6 $f = x \cdot y + x \cdot y = x \cdot y$　（同一項の論理和は 1 個と同じ）

4.7 $f = x \cdot y + 1 = 1$　（1 が他の項を吸収）

4.8 $f = x \cdot y + x \cdot \overline{y} = x(y + \overline{y}) = x$　（$y + \overline{y} = 1$ である）

4.9 (1)

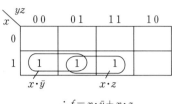

$$\therefore f = x \cdot \bar{y} + x \cdot z$$

(2)

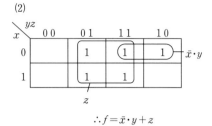

$$\therefore f = \bar{x} \cdot y + z$$

(3)

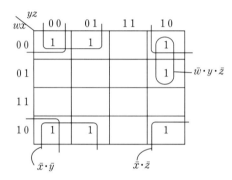

$$\therefore f = \bar{x} \cdot \bar{y} + \bar{x} \cdot \bar{z} + \bar{w} \cdot y \cdot \bar{z}$$

4.10 真理値表

x	y	S	C
0	0	0	0
0	1	1	0
1	0	1	0
1	1	0	1

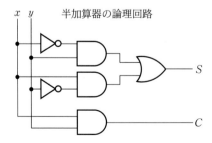

半加算器の論理回路

4.11 真理値表

x	y	C_{-1}	S	C
0	0	0	0	0
0	0	1	1	0
0	1	0	1	0
0	1	1	0	1
1	0	0	1	0
1	0	1	0	1
1	1	0	0	1
1	1	1	1	1

全加算器の論理回路

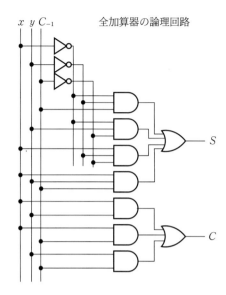

4.12 エ

4.13 (a) $f = x \cdot y + \overline{z}$

(b) $f = x \cdot \overline{y} + \overline{x} \cdot y$

(c) $f = \overline{\overline{x \cdot \overline{x \cdot y}} \cdot \overline{y \cdot \overline{x \cdot y}}} = x \cdot \overline{x \cdot y} + y \cdot \overline{x \cdot y}$

$= x \cdot (\overline{x} + \overline{y}) + y \cdot (\overline{x} + \overline{y}) = x \cdot \overline{y} + \overline{x} \cdot y$

第5章

5.1 $1/(1 \times 10^9) = 1 \times 10^{-9}$ (秒) $= 1$ ナノ秒

5.2 オ

5.3 エ

5.4 ウ

5.5 ウ

5.6 ウ

5.7 イ，ウ

5.8 ウ

5.9 ウ

5.10 イ

第6章

6.1 省略

6.2 8 バイト

6.3 2^{33} バイト $= 2^3 \times 2^{30}$ バイト $= 2^3$ ギガバイト $= 8$ ギガバイト

6.4 ア

6.5

	集積度	速度	消費電力	特徴
DRAM	高い	遅い	小さい	揮発性
SRAM	低い	早い	大きい	揮発性

（DRAM も SRAM も揮発性，ROM は不揮発性）

6.6 エ

6.7 ウ

6.8 主記憶装置への実効アクセス時間：$50 \times 0.1 = 5$ ナノ秒

キャッシュへの実効アクセス時間：$10 \times (1 - 0.1) = 9$ ナノ秒

これから実効読出し時間：$5 + 9 = 14$ ナノ秒

したがって，$(1 - \frac{14}{50}) \times 100 = 72\%$ 改善された．

6.9 ア

6.10 エ

第 7 章

7.1 ウ

7.2 エ

7.3 イ

7.4 $200 \times 10 = 2000$ バイト （1ブロックのバイト数）

$1024 \times 8 = 8192$ バイト （1トラックの容量）

$8192 \div 2000 = 4.096 \rightarrow 4$ （1トラックに4ブロック記録できる）

$10 \times 4 = 40$ （1トラックに記録できるレコード数）

$300 \div 40 = 7.5 \rightarrow 8$ （300レコードを記録するのに7トラックでは不足）

必要なトラック数 $= 8$

7.5 エ

7.6 エ

7.7 イ　$80 \times 100 \div 320000 \times 1000 + 6 = 31$ ms

7.8 イ

7.9 ウ

7.10 イ（CD-R：約640 MB，DVD-RAM：約5.2 GB，FD：約1.44 MB，MO：128 MB or 230 MB or 640 MB）

7.11 ウ

第 8 章

8.1 ウ

8.2 ア

8.3 エ

8.4　ウ

8.5　ウ

第9章

9.1　ア

9.2　エ

9.3　基本インタフェース：2B + D = 64 × 2 + 16 = 144 kbps

　　　1次群インタフェース：23B + D = 64 × 23 + 64 = 1536 kbps

　　　（伝送路上では，情報ビットのほかに同期ビットなどが付加されて，基本インタフェースでは 192 kbps，1次群インタフェースでは 1544 kbps となっている）

9.4　エ

9.5　エ

9.6　エ

9.7　ウ

9.8　エ

9.9　エ

9.10　ウ

第10章

10.1

(1)	(2)	(3)	(4)	(5)	(6)	(7)	(8)
c	e	a	d	b	h	g	f

10.2

	0	10	20	30	40	50	60	70
CPU	A	B	A	B	A			
I/O A		A				A		
I/O B					B			

10.3　イ

10.4　エ

10.5　1

10.6　3

10.7　イ

10.8　ア

10.9　オ

10.10　ウ

10.11　ウ

10.12 イ

10.13 イとウ

第11章

11.1

ページイン	4	3	2	1			5	4	3	2	1	5
ページ枠1	④	4	4	4	④	4	⑤	5	5	5	①	1
ページ枠2		③	3	3	3	③	3	④	4	4	4	⑤
ページ枠3			②	2	2	2	2	2	③	3	3	3
ページ枠4				①	1	1	1	1	1	②	2	2
ページアウト							4	3	2	1	5	4

11.2 省略

11.3 ウ

11.4 エ

11.5 ア

11.6 エ

第12章

12.1 3

12.2 2

12.3 $A = 0.75 \times 0.75 \times 0.75 \fallingdotseq 0.42$

12.4 $A = 1 - (1 - 0.75) \times (1 - 0.75) \times (1 - 0.75) \fallingdotseq 0.98$

12.5 $A = 0.9 \times (1 - (1 - 0.9) \times (1 - 0.9)) \times 0.9 \fallingdotseq 0.8$

12.6 オ

12.7 $A = \sum_{i=0}^{n} {}_N\mathrm{C}_{N-i} \cdot A_0^{N-i} \cdot (1 - A_0)^i$

ここで $N = 3$, $n = 2$ として計算する.

$$稼働率\ A = {}_3\mathrm{C}_3 \times 0.8^3 \times (1 - 0.8)^0 + {}_3\mathrm{C}_2 \times 0.8^2 \times (1 - 0.8)^1$$
$$+ {}_3\mathrm{C}_1 \times 0.8^1 \times (1 - 0.8)^2$$
$$= 1 \times 0.512 \times 1 + 3 \times 0.64 \times 0.2 + 3 \times 0.8 \times 0.04$$
$$= 0.992$$

12.8 $1 \div (50 \times 10^{-9}) = 0.02 \times 10^9 \div 10^6 = 20\ \mathrm{MIPS}$

12.9 10 MIPS は，1秒間（1000000000 ナノ秒間）に 10×10^6 命令を実行するということ
であって，1つの命令を実行するのに要する時間が

$$(100 \times 0.3 + 60 \times P + 200 \times 0.2) \times 10^{-9}\ 秒$$
$$= 100 \times 0.3 + 60 \times P + 200 \times 0.2\ ナノ秒$$

であるから，次の式から $P = 0.5$ を得る.

$$10\ \mathrm{MIPS} = \frac{1000000000}{(100 \times 0.3 + 60 \times P + 200 \times 0.2)}$$

12.10 エ

12.11 $TPS = 50 = X \times 10^6 \div 10^5$ ∴ $X = 5\,MIPS$

第13章

13.1 イ

13.2 ウ

13.3 イ

13.4 ア VSAM　　イ 索引編成　　ウ 順編成　　エ 区分編成

第14章

14.1 ア ネットワークモデル　　イ 関係モデル

14.2 エ

14.3

14.4 省略

14.5 エ

14.6 イ

14.7 ア

14.8 ア

14.9 イ

14.10 エ

14.11 ア

14.12 ウ

14.13 オ

第15章

15.1 イ

15.2 CREATE　TABLE　会員
　　　　　　（
　　　　　　会員番号　CHAR（3）　NOT　NULL　PRIMARY　KEY,
　　　　　　会員名　NCHAR（4）　NOT　NULL,
　　　　　　年齢　INT（3）　NOT　NULL,
　　　　　　リーダ会員番号　CHAR（3）　NOT　NULL
　　　　　　）

15.3 SELECT 会員名，年齢
FROM 会員

15.4 SELECT 会員番号，会員名，年齢，リーダ会員番号
FROM 会員
WHERE 年齢 ＞＝ 30

15.5

受験番号	氏名	フリガナ	性別	志望学科	英語	数学	出欠	合否	高校名
1001	山本　博	ヤマモトヒロシ	M	IM	85	70	1		五高
1002	黒田　幸江	クロダユキエ	F	IM	65	70	1		一高
1003	佐々木　恵	ササキメグミ	F	IM	0	0	0		四高
1004	高野　真理	タカノマリ	F	IC	75	60	1		二高
1005	吉村　由美	ヨシムラユミ	F	IM	100	90	1		三高
1006	宇野　孝子	ウノタカコ	F	IC	80	80	1		三高
1007	西　さゆり	ニシサユリ	F	IC	90	50	1		二高
1008	吉田　澄夫	ヨシダスミオ	M	IM	60	70	1		二高

15.6 エ

15.7 エ

参考図書

［1］ 三木容彦『コンピュータ入門』東海大学出版会，1989．
［2］ 三木容彦『マイクロコンピュータ工学』オーム社，1987．
［3］ 所　真理雄『計算システム入門』岩波書店，1988．
［4］ 前川　守『オペレーティングシステム』岩波書店，1988．
［5］ 長尾・辻井・山崎『情報基礎論』オーム社，1988．
［6］ 河村一樹『コンピュータ科学』アイテック，1997．
［7］ 飯塚倶目子『コンピュータアーキテクチャ』アイテック，1997．
［8］ 中澤達彦『通信ネットワーク』アイテック，1997．
［9］ 宮沢修二『基本ソフトウェア』アイテック，1997．
［10］ 佐藤彰夫『データベース』アイテック，1997．
［11］ 日経バイト編『最新パソコン技術体系』日経ＢＰ社，1998．
［12］ 伊藤・木下『１種実践問題 ’98』オーム社，1997．
［13］ 岩田・早川『初級シスアド実践問題』オーム社，1998．
［14］ 廣松恒彦『情報処理システム（上・下）』日本経済新聞社，1997．
［15］ 廣松恒彦『ソフトウェア工学と応用知識』日本経済新聞社，1997．
［16］ 廣松恒彦『ハードウェア』日本経済新聞社，1997．
［17］ 廣松恒彦『ソフトウェア』日本経済新聞社，1997．
［18］ 原　潔『標準ＳＱＬプログラミング』カットシステム，1998．

事項索引

著者紹介

三木容彦（みき　やすひこ）
　1944年生まれ
　東海大学工学部電子工学科卒業
　東海大学大学院工学研究科博士課程修了
　中央大学法学部卒業
　東海大学工学部教授（通信工学科）を経て
　元　東海大学福岡短期大学教授，工学博士
　著　書　『コンピュータ入門』東海大学出版会，1989.
　　　　　『マイクロコンピュータ工学』オーム社，1987.

本書は2000年3月に東海大学出版部より発行された同名書籍を弊社において引き継ぎ出版するものです.

だいがくせい
大学生のためのコンピュータ入門テキスト
にゅうもん

2022年4月1日　第1版1刷発行

　　　　　　　　　　　著　者　三木容彦
　　　　　　　　　　　発行者　原田邦彦
　　　　　　　　　　　発行所　東海教育研究所
　　　　　　　　　　　　　　　〒160-0023
　　　　　　　　　　　　　　　東京都新宿区西新宿7-4-3升本ビル7F
　　　　　　　　　　　　　　　TEL：03-3227-3700　FAX：03-3227-3701
　　　　　　　　　　　　　　　email：eigyo@tokaiedu.co.jp
　　　　　　　　　　　印刷所　港北出版印刷株式会社
　　　　　　　　　　　製本所　誠製本株式会社